知乎

有问题 就会有答案

知乎BOOK

暗涌 著

越吵越亲密

吵架有技巧，感情没烦恼

民主与建设出版社
·北京·

©民主与建设出版社，2021

图书在版编目（CIP）数据

越吵越亲密：吵架有技巧，感情没烦恼/暗涌著
. -- 北京：民主与建设出版社，2021.7
ISBN 978-7-5139-3569-2

Ⅰ.①越… Ⅱ.①暗… Ⅲ.①关系心理学 Ⅳ.
①B84-069

中国版本图书馆CIP数据核字（2021）第103474号

越吵越亲密：吵架有技巧，感情没烦恼
YUE CHAO YUE QINMI CHAOJIA YOU JIQIAO GANQING MEI FANNAO

著　　　者	暗涌
责任编辑	程旭
出品方	知乎BOOK
监　　　制	张娴 魏丹
策划编辑	雷清清
责任校对	王苏苏
营销编辑	张丛
封面设计	Yang
内文插画	Robin_彬仔
出版发行	民主与建设出版社有限责任公司
电　　　话	（010）59417747 59419778
社　　　址	北京市海淀区西三环中路10号望海楼E座7层
邮　　　编	100142
印　　　刷	三河市兴博印务有限公司
版　　　次	2021年7月第1版
印　　　次	2021年7月第1次印刷
开　　　本	787毫米×1092毫米　1/32
印　　　张	7.25
字　　　数	137千字
书　　　号	ISBN 978-7-5139-3569-2
定　　　价	58.00元

注：如有印、装质量问题，请与出版社联系。

前　言

有一次刷到一个情感类博主的直播，她在直播间放了一个黑板，一边写板书一边非常卖力地给观众讲解如何报复自己出轨的丈夫。她先是大骂那些出轨的男人，不断渲染被出轨女性的凄惨，把仇恨值拉到满分，然后趁着直播间的观众正处在愤怒当中，立刻输出她的报复建议：先是搜集丈夫出轨的证据，再找一个暧昧的异性对象也给他戴个绿帽，最后等顺利离婚后再透露给丈夫自己也出轨的事实，从而达到报复的目的。

令人震惊的是，这个直播间在线人数有近万人，很多人在评论区表示赞同，还扬言要照着这个法子试一试。那些背叛家庭的人固然该骂，但这么肆无忌惮地渲染仇恨，还鼓励别人以自我伤害的方式去报复，不仅无法帮助到正饱受欺骗、背叛的人，还会增加他们的痛苦情绪，甚至引发一些家庭暴力事件，这种肆意地贩卖焦虑、不负责任地传播扭曲价值观的行为实在令人既无奈又痛心。

当时我就萌发了一个念头,写一本关于如何看待爱情冲突的书,不是贩卖焦虑,仅仅是客观地提供一种心理学的思维方式,让读者可以冷静地看待自己和他人的情感困惑,而不是被那些所谓的"情感导师"带入歧途。机缘巧合的是,恰有出版社邀请我出书,正好跟我的想法不谋而合,由此成书。

为了能给读者带来切实的启发,我决定从问题入手,查找了各大自媒体平台中涉及"争吵""冲突""吵架""争执""感情不和""分手"等几十个话题下的讨论,将其进行整理归类,形成了本书中的六大部分的内容,对应六个章节。

第一章主要针对的是伴侣在"冲突"的观念和理解上抱有的不良信念,包括这些信念如何使我们陷入不同的争吵模式,在冲突中又会做出怎样的爱情选择,以及应该用怎样的新的"冲突"观念替代旧观念来帮助我们解决冲突。

第二章主要讲述的是爱情中的情绪情感冲突。大多数的人处于争吵时会情绪先行。情绪某些时候会发挥它的好作用,更多时候又会成为升级冲突的导火索。如何觉察情绪、发挥情绪的好作用,如何更好地表达情绪,面对情感欺骗和情感虐待又该如何应对,都是本章会详述的内容。

第三章的核心是探讨某些由于想法和观念的困惑导致的冲突。爱情中的承诺问题、公平感的问题、成长观念以及性爱观念上的冲突，是本章要探讨的重点，同时，这些问题也是在实际生活中非常高频的困惑性问题，在这本书里，你都可以找到一些新的理解方式和解决思路。

第四章主要是讨论关于两个人长久的状态问题引发的争吵，本章中我们会围绕感情变淡、为琐事争吵、升级冲突，以及触发伴侣底线引发的争吵等几项问题进行探讨。

第五章想要解决的是其他人际关系对二人世界的冲击。朋友关系、原生家庭关系都会对两个人的感情造成冲击，除此之外，还有困扰很多年轻人的"前任问题"，都将在第五章详细探讨。

第六章围绕的主题是冲突的最高级形式——分手。如何走出爱情危机，分手后怎样快速自我修复是本章前两节内容，后两节主要是谈复合的问题，该不该复合，复合后如何重建亲密，都会提供给大家比较科学的方法。

这本书的名字我想了很久，也改了好几个，最终确定为《越吵越亲密·吵架有技巧，感情没烦恼》。原因有两个，一是冲突虽然给我们的爱情不断制造障碍，但毫无疑问也为我们开辟了一条更深入彼此内心的道路，处理好这些冲突，我们也会跟对方更加交融；二是因为在这本书中我结合相关专业文献，给大家介绍了很多方法论，希望这些方法可以成为你们爱情的钥匙。

很多人都是在知乎上认识我的，可以说知乎算是我成长的另一所"大学"。从2013年注册账号至今，一直坚持了7年的心理科普创作，这其中的欣喜、成就感、自我怀疑、各种艰辛，如果细细道来，恐怕也要说好一阵子，要说这些年坚持创作的收获，除了提升写作能力和专业知识应用能力，我想最大的收获应该是，创作让我成为一个更勇敢的人。

从小的生活环境在某种程度上压抑了我的个人天性，在"枪打出头鸟"的背景下，我从一个个性有些张扬的孩子成长为一个低调、隐忍的"缩头乌龟"。甚至，曾经在感情上也一度如此，为了维持人际上的和谐，害怕冲突、不敢直接表达自己的需求，有时候还会委曲求全。但创作的过程在某种程度上重塑了我，长时间的思考让我不断挖掘和审视自己的"内在我"，才有机会在心理学专业的熏陶下，在一次次内在成长的冲突中，成为更勇敢的人。

希望这本书也可以给你带来改变，让你不再惧怕感情中的冲突，勇敢去直面它，甚至喜欢它。

目 录
Contents

Chapter 1 爱情中的冲突与选择

第一节　爱情中的理想与现实 / 002
第二节　爱情摩擦：你们的吵架模式健康吗 / 015
第三节　爱情诱惑：坚守还是离开 / 022

Chapter 2 爱情中的情感冲突

第一节　情绪觉察：如何处理双方的情绪爆点 / 036
第二节　情感压抑：打破从忍耐到爆发的恶性循环 / 042
第三节　情感欺骗：如何处理关系中的谎言 / 049
第四节　情感虐待：摆脱冷暴力和精神控制的枷锁 / 055

Chapter 3 爱情中的信念冲突

第一节　伴侣的未来没有我,该放弃吗　/ 064
第二节　爱情里斤斤计较,追求公平有错吗　/ 071
第三节　伴侣不思进取,是 Ta 的错,还是我的错　/ 079
第四节　性爱需求不一致,如何化解冲突　/ 084

Chapter 4 爱情中的状态调整

第一节　感情越来越冷淡,如何为爱保鲜　/ 094
第二节　总是因为琐事争吵,如何提高满意度　/ 101
第三节　因为小事闹分手,如何防止吵架升级　/ 108
第四节　挖掘细节信息,避免触碰红线　/ 116

Chapter 5 爱情中的人际冲突

第一节 让嫉妒心不再成为困扰 / 124
第二节 老婆老妈起冲突,该站谁的队 / 132
第三节 总为了朋友牺牲我,如何平衡爱情和友情 / 139
第四节 朋友总是劝分,如何处理他们的意见 / 146

Chapter 6 爱情危机下的选择冲突

第一节 好聚好散:如何处理分手危机 / 154
第二节 自我调节:如何走出分手阴影 / 170
第三节 理性判断:要不要与 Ta 复合 / 183
第四节 破镜重圆:如何修复感情 / 194

参考文献 / 209

Chapter 1

爱情中的冲突与选择

有所期待并非坏事,但过度理想化却危害甚多,它会让我们沉浸在幻想的泡沫里,忽略生活本来的面目。当深陷理想化的深渊时,如何解决两个人之间的问题不再是思考的核心,过度追求虚幻的完美,反而成了我们的执念。

第一节
爱情中的理想与现实

黑暗中,听着旁边男人的呼吸声,她久久不能入睡。几个小时前,她和他在确定周年旅行的行程时吵了一架。令她感到疑惑的是,眼前这个男人,还是曾经那个对她呵护有加、温柔耐心的男人吗?就在刚才,他非常直接地表达了今年不想去周年旅行的想法,态度坚决,没有一点商量的余地,言辞间甚至带有一些不耐烦。她翻了个身,脑海里想起了结婚前,他从来没有因为这些鸡毛蒜皮的小事跟她争吵过,心中不由得冒出了无数种猜测:

(1)他难道这么快就不爱我了?

(2)我嫁给他是不是错了,其实我们根本不合适。

(3)他是不是移情别恋了,不然为什么要跟我吵架。

当你和你的恋人发生争吵时,你是否也曾经怀疑过,你们的感情是不是出了问题;是不是也会担忧 Ta 对你的爱是不是发生了变化。

过度理想化的亲密关系

几乎每个年轻人都曾幻想过拥有一个完美的伴侣，一起拥有童话般的美好生活。尤其是在青少年时期，男生女生们总会沉浸在浪漫的爱情故事或者青春偶像剧里，把自己想象成其中的主人公。初中的时候有一段时间经常整晚睡不着觉，把自己想象成偶像剧里的女主，一遍遍幻想剧中的情节，还常常按照自己的想法改编剧情，让男主更温柔，或者让自己的情敌更倒霉，大概这也算是青春期锻炼创造力和想象力的绝佳机会了。

那个时候想象中的完美男生一定是既霸道又温柔、既有能力又有担当、既浪漫多情又踏实稳重，时不时还可以为了你忤逆一下家长。但如果你认为只有情窦初开的小朋友会沉浸在这种幻想中，就太低估了我们对亲密关系的理想化程度。

珍阿姨是住在我家隔壁的邻居，她今年将近 50 岁，但是她的心态依旧年轻，最爱看的电视节目是偶像剧，喜欢追星；周围认识她的人都知道，她每天做的最多的一件事就是埋怨她的丈夫。

"他怎么就不能把业余时间都用来陪我呢，平时总是说忙，一闲下来就是鼓捣他养的那些花花草草。"

"看人家电视里的男人，对自己另一半多上心多照顾，当女王一样捧在天上，看看我身边这位，家里的活儿永远是说一件做一件，从来没想过再多做一点。"

"甜言蜜语就算了，这辈子就别想了，只能指望下辈子运气好点……"

珍阿姨的埋怨里囊括了她与另一半的多少争吵，也就囊括了她对自己丈夫的多少期待。从她的抱怨声中，我感受到她想要的是一个霸道总裁般兼具耐心、体贴、温柔且能懂她的小浪漫，还能极尽时间全心全意陪伴她的男人。这样的完美爱人广泛存在于青春偶像剧中，却很难在现实中找到。

有所期待并非坏事，但过度理想化却危害甚多，它会让我们沉浸在幻想的泡沫里，忽略生活本来的面目。当深陷理想化的深渊时，如何解决两个人之间的问题不再是思考的核心，过度追求虚幻的完美，反而成了我们的执念。这就很容易导致我们在感情里表现被动，或者对另一半过度苛责、怀疑，而忘记了经营的重要性。

尝试觉察你在亲密关系中是否存在对爱情过度理想化的观念：

（1）我认为，在恋爱或者婚姻里，我的另一半一定要对我百依百顺。

（2）我觉得，如果我跟另一半经常吵架，那肯定是因为我们不是对方的真爱。

（3）我觉得，在恋爱或婚姻里，吵架是两个人感情变差的主要标志。

（4）我觉得，两个人在一起时，他一定要懂我，要有"心有灵犀一点通"的状态。

（5）（列出你自己还存在的其他过度理想化观念）

如果你存在（1）的观念，那么一旦对方有不同看法，你就会感到不舒服，从而引起争吵；如果你存在（2）的观念，那么你很可能觉得眼下这个人不是你最好的选择，转而更容易被其他异性诱惑或者对婚姻不忠；如果你存在（3）的观念，那你很可能不太有安全感，总是会以怀疑和考察的态度审视着你们之间的感情；如果你存在（4）的观念，认为两个人必须心有灵犀，那么很容易会忽视沟通，当争吵发生时，更容易陷入冷暴力和怀疑感情的泥潭。

类似的观念还有很多，你可以仔细觉察，把这些错误观念都找出来。

细节打败爱情？

人与人之间不可避免地存在差别。即便是基因完全一样的同卵双胞胎，生活在同一个家庭中，两个人也会有很大的不同。我们在寻找另一半的过程中，更容易被相似的人吸引，相同的家庭背景、相同的价值观、相同的兴趣爱好、相似的性格，都能使我们相处更融洽（Cuperman & Ickes，2009），但这并不意味着不会有争吵。

你可以试着做这样一件事：每次跟另一半吵完架，就记录一下你们吵架的事件和原因，然后每隔一段时间就拿出来看看，找到最常吵架的三种原因，观察一下你们到底最常因为什么事情吵架。

心理学家就曾做过类似的实验，他们先是搜集了尽可能多的争吵话题，然后把这些夫妻争吵的话题归类排序，结果发现，夫妻之间最常争吵的话题前 5 名分别是：孩子的教育问题、家务活的分配上、平时的沟通方面、娱乐项目的选择以及工作时间等（Papp et al.，2009a）。

不难发现，这五个话题里并不涉及什么严重的问题，除了教育孩子，其他四个话题基本都属于生活中的琐事。不要小看这些琐事，处理不好依然会成为破坏感情的元凶。

一对情侣订婚后非常开心地步入了同居生活，但他们很快发现，现实跟他们憧憬的太不一样了。两个人常常因为鸡毛蒜皮的事吵架。比如，男生认为家里的日常用品需要提前备一些，以防哪天急用，而女生却更喜欢随性地生活，认为现在去超市、网购都这么方便，完全没必要总惦记着东西用完怎么办。于是，每次男生发现家里的日用品不够用的时候，就会忍不住发牢骚，把女生数落一遍，女生也很不愉快，干脆破罐子破摔，越发随性起来。

在这件事上，你觉得是谁的问题？

很显然，并没有绝对的对与错。就好像最典型的"挤牙膏"问题，从底端挤还是从中间挤其实都无伤大雅。前面的例子中，要不要囤东西这件事情也是一样的道理，本身没有谁对谁错，只不过是两个人的生活习惯不同而已。但是，别小看这些生活中的琐事，看似无关紧要，却不知道让多少恋人、夫妻分道扬镳。

细节到底会不会打败爱情，吵架的态度起了很大的作用：如果你是"吵架万恶论"的持有者，认为吵架就是不好的，不应该的，那每一次无关紧要的争吵都会成为伤害你们感情的利器，渐渐地，压抑、逃避会成为你们处理分歧的第一选择，最终成为冷暴力的温床；如果你是"吵架正常论"的持有者，认为有架可吵才是常态，这些日常的分歧就不容易导致你们对彼此的厌恶，也更容易保持亲密关系的幸福感。

都是 Ta 的错

靠窗的餐桌旁坐着一个看起来 20 多岁的姑娘，一只手拿着纸巾，一只手掩着面，不停地啜泣，她的整个身体都在不受控制地颤动。她的旁边坐着一个男生，面露难色，好像有点不知所措，低着头。

女孩的对面是另一个姑娘，看起来像是她的好朋友，时不时递纸巾给她，身体前倾，把耳朵凑到前面，尝试听清楚她因啜泣而断断续续的抱怨："别……别人家的男朋友……恨不得把空闲时间都用来陪女朋友，他……他呢，他倒好，每天除了打游戏什么都不干……不干。"闺密望了一眼男生，略显无奈地说："你说你就不能多陪陪她呀，非得吵架吵到我这里。"男生一脸的愤怒和不屑，一只手搭在桌子上，扭过头跟自己女朋友对峙道："你能不能有点良心，不要添油加醋，每天家里的锅是不是我洗的，地是不是我扫的，每次你想逛街的时候，我有没有放下自己的娱乐时间陪你去逛街？还有没有天理了，这日子真没法过了。"

像上述案例中这样的情况实在太常见了，几乎每对情侣或夫妻都有过把责任全部推到对方身上的经历。为什么情侣或者夫妻在争吵时，都几乎毫无例外地归结于"都是 Ta 的错"？

原因有以下两点。

1. 人很难客观评价自己

人很难客观地评价自己。很多实验发现，当我们加工和自我有关的信息时，会把成功归结于自己的才能和努力，而把失败归结于运气、难度等外部因素，在心理学中，这种现象叫作自我服务偏见。

情侣身上的自我服务偏见，很容易让我们高估自己在感情中做出的贡献，而当自己做错的时候，又会为自己开脱。心理学家罗斯做过一个研究，他分别询问丈夫和妻子，平时谁做的家务活更多。结果，夫妻双方都认为自己做的家务活要比对方想象的多。所以在我们的日常生活中，不难发现这样一种情况：一方指责另一方"什么都是我来干，你就不能多做点"，另一方却说"你做得多？我做了多少你都没看见吗"。在自我服务偏差的作用下，吵架中的两个人都会认为：这不是我的错。

2. 人很难客观评价伴侣

我们也难以客观地评价对方。当我们解释他人的行为时，我们会低估情境的作用，而高估个人特质和态度的影响。这被称为基本归因错误。你有没有发现，同样的一件事，我们在描述自己的时候习惯性地会选择一些描述行为和反应的词汇，而在描述别人时，却总是不小心用一些描述人格特质的词汇。比如，如果是你上班前忘带文件袋了，你可能会说："哎呀，今天走得太急了，竟然把那么重要的东西落在家里了。"但如果是你的另一半忘带了文件，你更可能会说："你怎么老是这样，丢三落四的，真不知道该怎么说你。"非常有趣的是，在描述自己时，我们一般会带各种各样的情境，比如走得太急、有人打断了思路、闹钟没有按时响……但当我们描述别人的时候，你会发现，各种情境信息消失了，不管有没有特殊情况，我们都会先入为主地认为是他的问题。这就是基本归因错误的力量，它会让你对人不对事，从而认为"都是 Ta 的错"。

所以在吵架时，不管是你对自己的评价，还是你对另一半的评价，都是非理性的。当你可以觉察出，刚刚你们吵架的内容缺乏客观性，能够承认不仅对方有错，自己也有错时，争吵不仅不会伤害到两个人的感情，反而会成为增进彼此理解的黏合剂。

🔑 冲突之美：吵架的好处

两个人的感情出了问题，不停的争吵是其中的一种表现形式；但在某段时间，如果你感觉你们总是很容易吵架，却并不一定意味着你们的感情出了问题。换句话说，吵架和感情变坏不是简单的因果关系。冲突意味着分歧、隔阂，而冲突的过程也恰好是减小分歧，消除隔阂的绝佳机会。争吵，也能成为促进感情的黏合剂。

1. 吵架是一种信号

吵架本身是一种信号，代表着"我很重视这件事"。当一方选择爆发时，另一方就不得不认真处理这件事情。

在面对冲突时，男性和女性的反应是完全不同的。女性喜欢在遇到不愉快的事情时，立马表达出来，大有一种"不留隔夜仇"的作风；而男性则不同，他们大多数比较被动，面对冲突喜欢逃避，维持现状对男性来说是最好不过的一件事。所以你不难发现，感情里喜欢闹腾的往往是女性，大部分争吵也是由女性先发起的。

这就是为什么很多女性都会抱怨："我不知道为什么非要等到吵架他才肯认真对待我说的话。"当女性在正常环境下提出要求时，男性的回避偏好很容易让他不把你的话当回事，只有当女性发起争吵，挑起冲突后，他才不得不面对你的需求。

这就是吵架的好处之一，向对方释放信号："我真的很重视这件事，你必须过来解决一下。"试想一下，如果男女都一样，都热衷于回避冲突，那么日常的矛盾很容易被挤压，从而发展成冷暴力，最后直接导致感情的失败。

2. 吵架是表达情绪的机会

大学的操场上，女生瞪大的眼睛，微张的嘴巴，可以看出她对自己刚才听到的事情感到无比惊讶。对面的男生是她的男朋友，就在二十分钟前，他们因为一件小事吵架了，出乎她预料的是，一向百依百顺的男朋友竟然情绪崩溃了，从这件小事开始，列举了他们在一起以来关于她的所有"罪状"，小到喜欢打断人说话的毛病，大到不够体贴关心、跟异性关系太近。她整个人呆在了那里，不知所措地说："我还以为自己一直以来做得都很好，你很满意。"

我们不难体会上述案例中这位女生的惊讶程度，也不难感受到她的男友在平时的忍耐程度。很多女性会渴望找一个对自己百依百顺、容忍一切的男性，但实际上这样的感情不一定稳固，因为忍耐终究不是幸福爱情的终极归宿。

一项研究发现，恋爱当中40%的冲突和恼火都没有得到表达。在平时，我们出于爱意去容忍，不愿意引发争吵，有不满也不会说出来，很多人习惯性地压抑，尽管不说，但不代表你的另一半觉察不出你不开心，感觉你不开心却又不知道为什么，这就是压抑的"杀人于无形"。

争吵就给了压抑和忍耐一个很好的出口，把积压的情绪宣泄出来，把信息传达给对方："我需要你的关怀，我现在状态很差，你的行为伤害到了我。"

3. 吵架可以提供解决问题的思路

吵架可以为亲密关系指明调整方向。自我服务偏见和基本归因错误，会让我们看不清真实的自己和真实的对方，通过吵架，我们可以知道对方不能说、不敢说、不愿说的想法，了解那些我们做错却被伴侣默默忍受的事情，还可以重新审视当前关系的质量，根据彼此的需要调整个体或双方的倾听方式、理解方式、表达方式等，使得亲密关系更加和谐。

吵架本身并不可怕，重要的是吵架的方式。

吵架属于一种冲突解决行为。许多研究都证实，冲突解决行为能够很好地预测一段亲密关系的满意度。当伴侣们采用积极的冲突解决行为，比如倾听、妥协、承诺等，就会觉得他们的关系更积极；而如果伴侣们采用消极的冲突解决行为，比如攻击、退缩等，就会觉得他们的关系更加消极。

014　越吵越亲密：吵架有技巧，感情没烦恼

第二节

爱情摩擦：你们的吵架模式健康吗

每个人的成长环境不同、性格不同、依恋类型也不一样，所以吵架模式也不一样。有些人不吵出个结果誓不罢休，有些人选择默默忍受，直到分手。不同的吵架模式对感情的影响也是不同的，不健康的模式可以让感情陷入困境，而健康的模式却能让感情升华。

🗝 不健康的吵架模式

依据吵架的结果，不良的吵架模式可以分为三类：半途而废型、你死我活型、互相妥协型。

1. 半途而废型

半途而废型的吵架模式大概有以下两个特点：

（1）一般都吵不出结果，吵架总是以某一方的缓和而结束，但下次遇到类似情况还会继续吵；

（2）虽然吵架结束了，但两个人并没有真的说开，至少有一个人还依然对这件事耿耿于怀。

这种类型的争吵模式，在一定程度上可以起到保护的作用，某些无法解决的问题很难通过吵架来解决，这种情况下没有结果的争吵是有一定好处的。但大多数情况下，没吵完的架总是会给人带来非常差的情绪体验，这种冲突造就的心结会像慢性疾病一样，缓慢地侵蚀两个人的关系。

一对大学生情侣，两个人商量好要出去玩。结果男生提前两天买票的时候，赶上节假日，票已经被抢光了。他的女朋友非常扫兴，并且很生气地指责他为什么不早点买票，非要等到快出发才买。两个人吵了一架，也没吵出个结果，互相晾了对方半天，就把这事儿翻篇了。

结果后来回老家过年的时候，男生又没抢到票，他女朋友彻底爆发了："你怎么又没买到票，上次就是不早点买，这次又是，你简直太没用了。"然而，这次男生没抢到票，不是因为没早买，而是因为春运的确不好抢票。这次吵架女朋友连带上次积攒的怨气一口气发泄了出来，他眼看自己被误会，也非常生气，觉得自己女朋友太不体贴，还爱翻旧账，一气之下说了分手。

这个案例就是典型的半途而废型的争吵模式。我们可以看到，他们第一次吵架的时候，其实女生就已经在发出信号，提早规划这件事对女生来说很重要，如果在第一次吵架的时候就明确这一点，等到后来春运买票的时候，男生就有可能会提前向女生说明情况，"我很早就在准备抢票了"，这样便不会闹到分手。

对于这种模式的争吵，非常需要两个人明确你们到底在吵什么，而不是不了了之。至少有一个人需要提炼出争吵背后的真实需求，这样才能避免下一次遇到同样的情况时陷入更激烈的状况中。

2. 你死我活型

这种类型的争吵核心的特点是一定要有一方胜出，一方放弃反抗才肯作罢。而胜出的这一方有时候还会对自己的胜出得意扬扬，甚至乘胜追击，却不承想，这种做法极有可能赢了争吵，输了感情。

如果在现实中看到这种模式的争吵，一般来说场面会非常激烈，免不了一场唇枪舌剑，互相指责更是不可避免。现实中，如果胜利方比较固定，总是其中一个占据上风，那么两个人在这段感情中便会常处在不平等的状态中。总是胜利的一方或许能感受到一点点的可控制感，但却无法有愉快的体验；而总是放弃反抗的那个人，表面看起来认输了，其实心里却不甘心失败，他们往往会积攒对另一半的怨恨。时间 久，感情自然要出问题。

如果你们属于你死我活型，那么情感上相对弱势的那位就一定要抓住吵架这个难得的可以自由表达自己情绪的机会。

一位男性朋友曾经跟我抱怨他的另一半："为什么她把我的忍耐当作理所应当呢？她总觉得她在我们的关系中做的是满分。"

我问他："你每次吵架的时候为什么不尝试说出你对她的不满？"

他回答："她会不高兴啊。"

我又继续追问："那你们吵架的时候她高兴吗，既然大家已经都不高兴了，为什么不干脆借此机会说清楚你内心的真实感受？"

他愣了一分钟，感到非常惊讶，他发现自己从来没有意识到这一点。初衷是不希望两个人不开心才选择尽量压抑，却不知陷入了一个悖论中。

当你说出对她的想法和期待的同时，其实也在向她传达一个讯息："我们都会有让彼此不满的地方，我们都不是满分，我们都需要改进。"这是有积极作用的，因为这样的讯息有助于我们形成一个坚定的观念，那就是感情是需要两个人共同来维护和经营的，而不是依靠谁对谁错。当然，吵架过程中如何表达情绪和情感，也需要讲究方式和方法，后面的章节中会详细讲到。

3. 追求公平型

这种模式的争吵相对于前面两种更理性一点，双方都愿意各退一步，同时放弃自己的某项利益，来缓解冲突。这种模式之所以算不上好的吵架模式，是因为争吵过后，双方的利益都减少了，不符合共赢的原则。更重要的是，这种类型的争吵还容易有个很大的问题：某些时候，由于两个人为了追求公平感，谁也不愿意多退一点点，这样的方式很容易让两个人的亲密关系的氛围变得过于理性和冷漠。

比如，你和你的另一半一起装修你们的小屋，你想要简约的冷色调风格，但 Ta 却想要比较暖色调的温暖型，于是你们产生了分歧。这时候如果你们的吵架类型是互相妥协型，那你们可能会做出以下决定：两个人各退一步，把一个卧室装成简约型，另一个卧室装成暖色调的温暖型，看似冲突解决了，但你俩心里都不是很满意，因为一个家整了两个风格出来。

对于相互妥协型的吵架类型，需要抓住吵架这个关键点，重新认识和调节双方的关系。

当面对冲突时，试着思考以下三个问题，来看能不能做到一种思维的积极转换：

（1）这次我们的分歧是不是完全是矛盾的？

（2）有没有什么方法可以同时满足我们两个人的需要？

（3）这次我愿不愿意先满足他的需求，而不是追求过度的公平感？

比如你对 Ta 说，"今天的饭你做吧，我有点累了"，Ta 说，"前天就是我做的，今天又让我做，不去"，你指责对方太没责任感，Ta 指责你太懒了，最后相互妥协的结果就是：外卖虽然又贵又不健康，但很公平啊，大家都不用做饭了。

过度追求公平感的本质问题是什么，为什么会出现这样的情况，那么这个点就是通过吵架要关注的点，沿着这个线索去顺藤摸瓜，想想到底哪里出了问题，会是一件非常重要的事。

🔑 最佳的吵架模式 —— 整合一致型

最佳的吵架模式属于整合一致型。这种模式的情侣在吵架后，能够创造性地想出一些方式，来满足双方的目标和期望。

同样是一对情侣，他们马上就要结婚了，计划去哪里度蜜月时两个人产生了分歧，一个要去自己一直以来梦想要去的法国，另一个却想去更与众不同的冰岛，在争吵后两个人想了一个办法来满足双方的需求。

他们先分别在纸上详细地写出自己想去的地方，以及选择这个地方的理由，比如希望体验哪些项目，城市具有哪些特点，等等。然后，他们把这些特点和想法进行了排序，选出了最想实现的两个想法，最后他们真的找到了一座城市，可以同时满足各自的前两个愿望。

这就是整合一致型的特有魅力，它可以让两个人的需要最大限度地得到满足，并且这种满足是在两个人共同的努力下完成的，这样的冲突模式是非常有利于两个人感情的提升的。

不论是哪种类型的冲突模式，哪怕是相对来说更健康的争吵类型，在两个人发生冲突的过程中，都要防止过多伤害对方的行为出现。比如：过多的讽刺挖苦，很多人在吵架过程中会忍不住把事情上升到人格的攻击，像"我就知道，你就是这种渣滓、败类"；过多的自我防御，像"你非要这样，我也没办法""我反正就这样"等类似表达，就容易把双方的距离迅速拉远，也更容易伤害到对方；另外，蔑视也是损害关系的利器。

你可能会很疑惑，吵架哪里能没有互相伤害的行为，这个度怎么把握？心理学家约翰·戈特曼给出了一个参考的方式，他提出了一个5∶1原则，就是说，当你发现你们之间的维持友善行为和恶意的行为比低于5∶1时，就是一个有害的信号，表明很可能你们的关系已经陷入了敌对状态。研究发现，吵架中敌对的行为越多，冲突就会越严重，甚至越吵越压抑，越吵越崩溃。

后面的章节中，我们将针对不同的冲突场景，详细地分析和拆解，提供更多的亲密关系修炼的方法。

第三节

爱情诱惑：坚守还是离开

小余和他的女朋友在一起四年了，因为他已经工作，女朋友还在上学，所以不得不异地。如果将来要和女友在一起，他就得放弃自己现有的工作去到别的城市。就在他有些不知道该如何抉择的时候，另一个女生闯入了他的视线。这个女生是他新来的同事，充满活力、善于交际，更重要的是，她也会在这座城市继续生活。这对小余来说，无疑是巨大的爱情诱惑，他不禁想到：如果我跟她在一起，应该会轻松很多吧！

你是否曾经面临类似的爱情诱惑？如果是你，遇到一个更优秀、更好看、价值更匹配的人，你是会选择坚持跟现任在一起呢，还是会离开现任去追求新人？

我们在与一个人交往时，会从对方那里得到很多好处。Ta可以陪伴你，你们可以拉手、接吻，亲亲密密，满足生理上的需要，还能在难过、痛苦，甚至面临困境的时候，给彼此心灵的抚慰。我们把这些叫作关系中的"奖赏"。

当然天下没有免费的午餐,我们同样需要付出很多来博得对方的欢心。买包包送口红是付出,投入的精力和感情也是付出,犯个错惹对方不高兴了还得赔笑脸哄着,也是付出。我们把这些叫作关系中的"代价"。

提到感情,不管是一见钟情,还是日久生情,看起来都是感性层面的产物,因为喜欢一个人,所以跟 Ta 在一起;因为有感情,所以不离不弃……事情真的如此简单吗?很显然不是。

感性只是爱情博弈中的一个因素,也许在不知不觉中,你已经为这段爱情计算出了价格。

左右你是否离开的爱情公式

公式 1:结果 = 奖赏 - 代价

如果你有这样的一个朋友,单方面给恋人花很多钱,异地的时候总是 Ta 跑去对方的城市,闹矛盾了永远是 Ta 先妥协,那么你一定会忍不住劝这位朋友:你清醒一点!

当我们进行如此劝说的时候,大脑中其实使用了这样的一个公式来计算爱情的得失:

结果 = 奖赏 - 代价

在一段感情中收获的奖赏减去付出的代价,得出的结果,就代表了我们在感情中实际的净收益或净损失。一般情况下,感情中的净收益或净损失会影响我们是否继续留在现任身边,当你觉得这段感情付出太多,收获太少时,就容易产生想要离开的念头。

然而,事情没有那么简单。你会发现,即使有些人在一段感情中是负收益,付出远大于收益,但不管我们怎么劝说,他们都没有要离开现任的意思。为什么感情都负收益了,还要继续维持呢?这就涉及第二个爱情公式。

公式2:满意度 = 结果 − 期望值

结果的好坏不代表幸福与否,开宝马的未必就比骑自行车的幸福。这是因为每个人认为自己应当得到的结果值不同,也就是对结果的期望值不同。

我们会把当前感情中的结果和对感情的期望值相比较。显然地,结果 > 期望值时,我们会感到满意。你的标准是吃泡面,牛肉面就能让你幸福。结果 < 期望值时,我们就会不满。你的标准是海参、鲍鱼,牛肉面肯定不会让你开心。

由此我们可以得出一个关于爱情满意度的等式:满意度 = 结果 − 期望值。

不少人提到自己为什么自带吸渣体质。吸渣体质的朋友需要重新审视一下自己,是不是对爱情的期望值太低了。期望值低,即使当前的爱情结果一般,但按着公式算下来,你自己感觉还可以接受。

自我评价过低容易导致对爱情的期望值下降，很多人明明很优秀，但总觉得自己这里不够好，那里不够优秀，这种过低的自我评价就会让我们觉得自己不配拥有那些优质的伴侣，从而选择一些外人看来完全配不上你的人。

长时间陷入糟糕关系中的人，对新的感情期望也会很低。如果你上一段感情中遇到了一个很差劲的人，劈腿出轨搞暧昧，样样不落，那么你对下一段感情可能期望就会很低，比如，你会想：下一个男人只要不出轨就好了。殊不知，不出轨、对爱情忠诚是一个人应该做到的最基本的底线。

公式3：想要离开现任的程度 = 对替代选项的期望值 - 当前爱情的结果

满意度是影响我们是否离开现任的一个重要因素，但不是最主要的因素，因为其中有一个很大的问题，就是我们对当前感情结果的这种满意度不能一直维持下去。根据公式2提供的信息，满意度 = 当前爱情的结果 - 当前爱情的期望值，问题就出在我们对当前这段感情的期望值上，随着两个人在一起的时间逐渐增多，这个爱情的期望值是越来越高的。

回想一下你和恋人刚在一起的时候，Ta的一个温柔的眼神都可以把你撩拨得心动不已，Ta为你做一顿简单的早餐也能让你幸福好一阵子。随着两个人在一起的时间越来越长，

Ta温柔的眼神成了生活必需品，为你做的早餐变成了理所应当。随着这种期待值越来越高，你们对当前感情的满意度便会越来越低。

在一项德国的研究中，研究者花了18年的时间，追踪了3万多个人的恋爱过程，发现步入婚姻让人更幸福，但只能维持一段时间。两年之后，婚姻的快乐会减少一大部分。更让人不安的是，随着时间的推移，一段感情的满意度在不断下降，而你身边的替代选项带给你的期望值却可能在不断攀升。

当你身边不断出现优秀的同事，他们的思维比你的另一半更让你佩服，甚至他们的长相也让你感到与众不同，当你在同他们的相处中收获合作、友好和互助时，你可能不禁幻想，如果跟这个人在一起生活，应该会很快乐吧。

也就是说，我们的眼睛其实一直在盯着替代选项，并且会估量如果放弃当前的感情，在新的感情中能得到怎样的结果。对替代选项也会有一个期望值，并且我们会把替代选项的期望值同现在的结果相比较。如果现在的结果更好，就"万花丛中过，片叶不沾身"；而如果对替代选项的期望值更高，哪怕我们觉得现在已经很好，也会选择更好的。对替代选项的期望值与当前爱情结果相差越大，想离开现任的想法就越强烈。

根据这个公式，我们可以推断，拥有幸福且稳定的爱情必须满足的条件是：你对当下爱情结果的感知既要好于你对爱情的期待，也要高于你对替代选项的期待。

一方面，你会感觉到现在的爱情质量是要高于你原本的期待的。比如，你的爱情期待是找一个能跟你平平淡淡地过日子的人，结果现任不仅能让你有安心的感觉，还能时不时带给你一些惊喜和浪漫，这就是超预期的爱情，你会感到非常满意，幸福感很强烈。

另一方面，你感觉当前的爱情质量也高于对替代选项的期待。比如，你身边也遇到了不错的同事或者朋友，但当你设想跟 Ta 在一起的情况时，你预计跟这个人在一起的感情质量肯定没有你现在跟自己的伴侣在一起时好。这就说明你们目前的关系非常稳定，哪怕这个潜在的诱惑对象长得更好看，更优秀，你依然不会动心思去离开现任。

现实的牵绊

从前面我们的分析来看，不难发现，离开的倾向性不能等同于是否会离开的结果，真实的情况更加复杂，因为我们的亲密关系并不是简单地处在只有你、Ta 还有第三者的三维环境中，还会受到各种其他环境因素的影响。

比如说吧，吴彦祖突然闯入了我的生活，他成了我的一名同事。他长得超级帅，六块腹肌极具魅惑，而且非常绅士，我幻想着，他一定很温柔，毕竟他对周围的人都很好。跟他在一起，我简直是在过童话般的美好生活。

这种情况下，我是不是就会马上和我男朋友分手呢？

并不会。在我动了换男朋友的心思时，我至少要解决两个问题。

第一个问题是，有多大的可能得手。他帅气又温柔，我追求他会成功吗？他能看上我吗？如果他已经结婚了，还跟妻子感情好得不得了，我又不满足他的择偶要求，那我对他的期望再美好，也都是镜花水月。

第二个问题是，分手会有多大的代价。我要是和男朋友分手了，我们多年的感情和我这么些年的投入，岂不是打了水漂？要是为了吴彦祖提分手，周围的人会怎么看我？所有的这些都构成了分手的代价，降低了我对吴彦祖的期望值。

也就是说，当我碰到更好看、优秀、价值匹配的异性时，我会戴着有色眼镜评判对方的期望值，考虑个人的因素，并和现在感情的结果进行权衡，考虑选择离开的代价和可能性，来决定是否付诸行动，离开现任。

? 如何让爱保质，对爱忠诚

从前面的公式中可以看出，幸福而稳定的爱情，核心就在于当前感情中的结果不仅要高于对替代选项的期望值，还要高于我们对爱情关系的期待值。换句话说，要想保持幸福而稳定的爱情，我们需要保持跟现任在一起的满意度，又要控制对身边替代选项的幻想。

1. 提升爱情的满意度

研究者库尔德克（Kurdek）等人通过分析十年中538对新婚夫妻的满意度，发现：随着时间的推移，夫妻在婚姻中感受的快乐越来越少，不满意的程度会越来越深。但是，一旦在爱情中感到满意，我们会产生一种优越感，觉得自己的感情比大多数人要好，并且越幸福，优越感越强，越能够保持更好的感情。

重新解读另一半的缺点，同时放大对方的优点，可以很好地提升爱情满意度。有一位女性朋友，嘴唇上方有比较深的汗毛，仔细看很像长了胡子，很多人劝她想办法去掉汗毛，但是她总是笑一笑。后来才知道是她的先生希望她可以保留这个在别人看来略显尴尬的点，在她的先生看来，这是属于自己妻子的小性感。

保持这种滤镜效果是保持满意度的秘诀。

2. 不再将冲突视为感情变质

心理学研究者劳埃德（Lloyd）等人通过记录情侣每天的交往情况，发现他们平均每周会发生2到3次冲突（Lloyd,S.A., 1987）；另一项持续3年的研究发现，夫妻之间每个月都会争吵1到2次（MacDonald,G.,Zanna,M.P.,& Holmes,J.

G., 2000）。

冲突是两个人必然需要面临的事，但不能作为判定两个人感情好坏的主要标准，更不能把争吵看作感情变质。但很多人并不能理性看待与伴侣之间的冲突与争吵：

"我跟她总是因为一些小事吵架，以前从来不会这样，我想一定是她不爱我了。"

"如果是真爱，就不会这样互不理解。"

"一吵架我就感觉过不下去了，他怎么就不懂我呢。"

"我一吵架就觉得，你再也不是那个值得信任的人了。"

太多人把发生冲突等同于感情变质，殊不知有争吵才是生活的常态。面对冲突的态度不同，得到的结果也不一样。

🔑 被忽视的情感"魔咒"

看到这里，你一定会有一个疑问：如果全按照前面那些公式来思考，那也太理性了，如果人可以如此机械化，谈爱情还有什么意义？

过度理性化解读会让我们感觉不舒服，因为感性的一面也不可忽视。把爱情抽象化、用理性的思维去剖析时，可以一窥究竟，看到爱情最普适性规律的一面。但是，这样普适性的规律却不见得适合每一个个体。作为每一个独一无二的个体，我们除了了解普适性的规律，更要探索内心的情感流动，想办法了解自己。

小雨从梦中惊醒。梦里,她在一个房间坐着,对面是一张床。床上一对男女正做着不可描述的事,这对男女似乎看不到她。突然从门外进来另一个男人,他应该是床上这个女人的男朋友或者追求者。这个男人望向床上的这对男女,竟然面无表情,毫无波澜,默默地走到另一个房间去了。

这个梦让她感到惊讶:已经放下这么久了,前任对她的伤害依然会在沉寂的深夜,悄悄潜入她的梦境,带给她如此真切的体验。

两年前,她还跟前任在一起。尽管当时已经没有了激情,但多年的感情还是很深的。直到某一天,她发现自己的男朋友一面跟自己撒着谎,一面做着另一个已婚女人的"忠实奴仆"。

如同在那个梦里,她痛恨床上的那个女人,可以将两个男人玩弄于股掌。那个推门而入的男人,更像她前任的化身。她愤怒,为什么放着一心一意爱自己的女朋友不顾,非要对一个玩弄他的已婚女人恋恋不舍?

这样的事,恐怕也不是第一次发生了。这个男人,刚和她在一起时,就同别的女人暧昧不清。几乎所有的朋友都劝过她分手。不仅是身边的旁观者,连她自己也非常困惑:为什么每次痛苦到要分手的时候,都会因为对方的一时求和而选择相信?一直到她亲眼看到前任出轨,再也没办法自我欺骗的时候，这个问题才得以找到答案。

当眼前的这个男人故技重施，又来求原谅时，她也曾动摇过，要不要再给对方一个机会。但是，她一想到，一旦再给对方机会，她内心仅剩的那一点点可怜的自尊也要被彻底夺走了，那样活着还有什么意思？这才有了真正意义上的分手。

分手后，她去找了心理咨询师，希望让自己振作起来。没想到却无意间领悟了自己想离开却不离开的真实原因。

她的爸爸在她很小的时候就外出工作了，她的妈妈负责在家照顾她。父亲是个好父亲，勤勤恳恳赚钱，家里的日子也一天比一天好起来。但是，让她难过的是，每年只有在暑假的时候才能跟妈妈一起去找爸爸，而爸爸也只有在每年过年的时候才回家。她深深地记得那样的感觉，过年的时候一家三口是那么热闹，一到过完年，爸爸出去工作以后，家里又是那么冷清。有很多次，她都听说有同学的爸爸妈妈离婚了。她也会在爸爸离家以后，不由得胡思乱想，爸爸会不会哪天就不回来了。幸运的是，她的爸爸从来没有丢下她，她的期盼没有被辜负。

然而，凡事都有两面性。离家的爸爸没有辜负自己想让他回来的期盼，但也在她心里播下一颗信念的种子：离开是暂时的，该回来的总会回来。这样的信念给她的爱情埋下了失败的伏笔。当男朋友屡次做出伤害她的事，她都会选择原谅；痛苦到要分手，却发现离开一个人好像比忍受他的伤害更痛苦；她始终相信，眼前的这个男人会变好，他的心会重新回到自己这里，就像曾经爸爸离家又重新回来一样。

无法接受离开，无法认识到有些离开意味着永远不会回来，是囚禁她的爱情魔咒。当意识到这个魔咒，她对前任竟然瞬间释怀了，无论对方怎么求和，她都不会再犯傻。她甚至都没有那么恨他了，因为她终归意识到：这段爱情，到最后已经不是爱，而不过是一种执念罢了。

离开还是坚守，不仅要考虑普适的一般爱情规律，也要仔仔细细觉察自我的内在世界。爱情的冲突，不仅体现在行为层面，还深深地烙在我们心里，不断跟我们的过去、现在和未来产生联系与交互。而我们要做的，就是发现这些联系，把剪不断理还乱的爱情线条分缕析，破除情感"魔咒"。

Chapter 2

爱情中的情感冲突

人与人之间,总是存在一种错位:你一直抱怨他不够懂你的感受,而他却一直苦于找不到懂你的线索。

第一节
情绪觉察：如何处理双方的情绪爆点

恋人们日常的吵架很多都是因为没有及时觉察和照顾到对方的情绪引起的。在情绪的觉察上，情感细腻的女生和神经大条的男生相遇，一定会产生激烈的化学反应。

一位女生跟自己的朋友说："刚一见面，他就全程唠叨他游戏通关的事，完全没有看出我有心事。"相反，她的恋人却抱怨："这个游戏之前她也挺喜欢玩的，所以我才会迫不及待地跟她分享游戏通关的事，谁知道，她莫名其妙地发火。"

人与人之间，总是存在一种错位：你一直抱怨他不够懂你的感受，而他却一直苦于找不到懂你的线索。就像上面这个案例，女生没有充分表达自己的情绪，而男生也没有足够的细心去读懂她的情绪。

快速"灭火"的办法

情绪觉察的困难不只存在于男女之间。人的情绪之所以复杂，一个原因是我们会无意识地去压抑、隐藏或者修饰情绪，这些做法会让我们更符合社交规则，但却总是成为我们觉察自己或伴侣情绪的阻碍。你一定有过这样类似的体验：感觉自己特别烦躁，但就是不知道在烦什么。而一旦我们处在这种情绪之下，就很容易引发跟另一半的冲突。

想象这样一个场景：

假设你和你的男友分居异地，睡前你找他聊天，感觉他回复得很不及时，于是你问他："怎么感觉你不想搭理我？"他说："没有不想搭理你，就是太困了，刚才犯迷糊了，差点睡着。"你非常贴心地跟他道了晚安，嘱咐他早点睡觉。没想到，半个小时以后，你发现他还在朋友圈给人点赞。你立刻气不打一处来，给他发微信："不是睡了吗？不想跟我聊天就不聊，大可不必糊弄我，我觉得你根本不爱我。"

在这个场景下，你一定满脑子都是一些不好的想法：他真的很让人讨厌，他就是个骗子，我还怎么相信他……于是更加愤怒，控制不住攻击他，跟他吵架。心理学研究发现，负性评价会通过大脑作用于身体，再次激活生理上的紧张状态，从而使人陷入负性情绪的恶性循环中（Berking, M., & Whitley,

B., 2014)。

停止评价自己或他人，仅仅感受自己的感受。这种无评价的觉知可以让人很快地平静下来，把重点放到如何解决问题上。

以上述的场景为例，你可以通过三个步骤来尝试做到无评价觉知：

第一，闭上眼睛，感觉自己的身体。有没有心跳加速、肌肉紧张的感觉？有没有头疼、胸闷？只要是身体上的变化，都尝试去感受它。心理状态会影响生理变化，而生理上的紧张又会加剧心理上的情绪体验。如果感受到自己的身体正处在应激或紧张状态，可以试着做几组深呼吸，也可以配合冥想，听听轻音乐，等等。先让身体放松下来。

第二，尝试将注意力放到你所感受到的最强烈的情绪上，尽可能地用语言去描述这个情绪。人的情绪有时候相当复杂，在觉察情绪时要尽可能一个一个地来。比如在前面的场景中，最强烈的情绪是愤怒，那就来感受这个愤怒，尽可能用语言描述这个情绪："我现在觉得自己特别愤怒，我感觉自己要爆炸了，他的做法实在让我太气了，我觉得自己没有被尊重和信任。"

第三，量化情绪，给自己的情绪强度打分。满分是10分，分数越高，代表情绪感受越强。为什么要做量化工作呢？一方面，给情绪打分是一个感知情绪的好办法；另一方面，它可以调动起理性大脑。假如你是上述事例中的女孩，你会给自己的愤怒打多少分？在思考的过程中，你就会考虑到这件事本身的严重性，本来你感觉自己好像特别生气，但打分的时候你会想，"他不就是今天晚上不想跟我聊天吗"，好像也没有那么严重，最多打个 4 分，不能再多了。这时候，你会很快冷静下来，因为你的理性大脑已经掌控了全局。

你的期待是什么？

情人节这天，路上有很多卖花的，两个女孩都牵着各自男朋友的手出来逛街，都希望能收到男友送的花。路过卖花的商贩时，她们的男朋友各自买了一束花送给她们，但效果却截然相反：第一个女孩收到花很不开心，因为她想要的是一大捧花，而不是一束花，她感到自己很没有面子；第二个女孩收到花特别开心，因为她觉得花又贵又不实用，只要表达了心意就足够了。就这样，同样是收到花的两个女孩，却过了两个截然不同的情人节。

这就是期待的力量。在爱情里，需要有直面内心真实期待的勇气，也要有向另一半表达期待的智慧。

试着直面你的期待。一位女生，她总是喜欢送她男朋友 100 块的鞋，而她男朋友从来都不穿。直到有一次，当看到自己送的鞋穿在别人的脚上时，她才知道，她的男朋友从来都没有对她的礼物满意过，而是直接转送出去。她非常生气，感觉自己被侮辱了。由于他们两个人家庭条件相差比较大，这个男生打心里不觉得 100 块的鞋是舒适的，但为了不伤害女生，只好照单全收，在他心里真正期待的是女朋友可以送一件在他看来像样的礼物。

合理的表达期待可以让两个人不再通过情绪对话。"亲爱的，我希望你下次可以给我换个别的礼物，100 块的鞋子我真的穿不习惯。你可以给我买一个 100 块的鼠标、100 块的零食，或者 100 块的短裤，我都会很喜欢的。"跟对方说出你的合理期待，既表达了你的想法和需求，又给了对方一个改进的方向，可以防止情绪再一次爆发。

🔑 因何而愤怒？

或许，你愤怒的并不是令你愤怒的这件事。情绪的迷惑点常常是在这里，甚至连你自己都不清楚因何而愤怒。小 A 和小 B 在一起一年了，为表庆祝，他们约定下班后直接到订好的那家餐厅共进晚餐。结果到了饭点，小 B 迟迟不来，发来短信说还有事没有处理完。小 A 足足等了两个小时，小 B 总算来了。简单解释几句后，小 A 愤怒离席，小 B 感到非常诧异，以前他也不是没有迟到过，也没见她这么生气呀？

对小 A 来说，她最终愤怒离席的原因绝不仅仅是因为小 B 迟到那么简单。她生气的原因主要有三：第一，这么重要的日子却迟到了，是不够重视的表现；第二，发来的短信仅仅说有事没有处理完，却没有详细说明这个事情必须处理的理由，让小 A 感到没有被尊重；第三，在小 A 足足等了两个小时后，他没有给予情绪上的安抚，仅仅是随口一句解释，让小 A 感到很受委屈。

当冲突发生后，要想以最快速度处理对方的情绪爆点，小 B 就要努力站在小 A 的角度试图理解她生气的所有原因，并向小 A 尽可能全面地把这些让她生气的原因表达出来，再向她表示歉意，获得她的谅解。

能够被理解和共情是缓解情绪冲突的最有效办法。 生活中大部分的争吵都是因小事而起，很少有事情本身是难以接受的。所以尝试理解和共情对方，了解 Ta 到底在愤怒什么，是解决冲突的有效方式。

第二节
情感压抑：打破从忍耐到爆发的恶性循环

情侣吵架，总有这样的情况：对 Ta 的某些方面感到非常不爽，但为了避免冲突，选择忍耐和克制。但你会发现，总会有忍无可忍的一天，随着那句"我已经忍你很久了"，一场暴风雨般的争吵在所难免。

小 A 从小受到的家庭教育比较严格，非常注重礼仪，但她的男朋友却是个比较随意的人，有一些不好的习惯，比如吃饭的时候吧唧嘴。每次吃饭听到男友发出声音，小 A 就感觉浑身不自在，很想发火，但不愿意因为这么一点小事跟对方发脾气。几次旁敲侧击，对方也没当回事。

直到某一天，小 A 觉得再也忍受不了了，朝他大发脾气："我已经忍你很久了！你吃饭非要发出那么大声响吗？"他的男友非常震惊："这多大点事儿，你至于发这么大火？你就不能好好说吗？"小 A 更生气了，心想："我忍就算了，你还不领情，这算什么事儿？"两个人在一起生活，为什么忍耐的效果如此之差，但还有那么多人努力忍耐，直到爆发呢？

🔑 忍耐的本质是什么？

忍耐的核心是表达抑制，也就是说我们压抑自己内心的真实情绪和感受，努力不让别人察觉。 研究发现，表达抑制会对亲密关系造成很大的影响：习惯表达抑制的人，他们的亲密关系总体质量往往较差，对自己的感情也更不满意。最重要的是，在冲突产生时，忍耐往往不利于问题的解决。

首先，忍耐需要付出大量的意志努力。人的自我监管资源是有限的，就比如当你集中注意力完成一项工作时，你会感觉很累，没办法再做别的事情了，这是因为工作耗尽了自我监管资源，需要休息放松。当你对另一半感到很不满意时，选择了忍耐意味着要消耗掉很多的自我监管资源，而分给解决问题的资源就少了，换句话说，忍耐后的你会更加没有精力去思考和解决问题。

其次，忍耐会错失让对方理解你的机会。压抑了你真实的情绪和感受就意味着你的另一半没法快速察觉到你当下的状态，他们无法接受来自你的信号，无法意识到他可能冒犯你的地方，更难以意识到问题的严重性。等到你忍无可忍，直接爆发的时候，对方并不知道你在过去的一段时间里竟然做了这么多的努力，吵架在所难免。

既然忍耐不是好事，为什么很多人还会优先选择忍耐作为一种解决问题的方式呢？

我们最容易想到的一个回答是性格原因。我们可能都会这么想：有的人天生就喜欢逃避，遇事就喜欢忍着，对谁都一样。另外，我们还可能猜想：是男女差异导致的，因为女性在感情中往往是要求多的那一方，而男性遇到问题往往会选择退避。

然而，这两个都不是正确答案。

2018年，心理学家汤姆森（Thomson, R. A., Overall, N. C., Cameron, L. D., & Low, R., 2018）曾经研究过人们为什么在感情中习惯忍受。他们调查了180对情侣应对冲突的过程，发现无论是性格原因还是男女差异，都解释不了为什么有的人更习惯忍耐。

最后研究者发现，习惯忍受的人都有一个共同点：他们觉得自己得不到对方的尊重和重视。当你认为自己不会被尊重和重视的时候，就会觉得即使表达出自己的负面情绪，也会被对方忽视，甚至被否定。

另外一个重要的原因是，习惯忍受的人往往缺乏解决冲突的技巧。这就形成了一个恶性循环：因为不会处理冲突，所以只能忍耐；因为常常忍耐便没机会练习怎样处理冲突，就更不会处理了，忍无可忍的时候就只有用爆发的方式解决冲突。

直接表达

事实上，心理学家的研究表明（Thomson, R. A., Overall, N. C., Cameron, L. D., & Low, R., 2018），**冲突期间的直接沟通包括表达消极情绪，是可以提高问题解决率，进而提高关系质量的。**

有话直说好过含沙射影，尤其是在吵架期间。讽刺挖苦更容易关闭对话通道，直接表达自己想说的东西反而更利于关系，哪怕是直接表达你的不好情绪。很多人抱有一种想法，"爱我就要懂我"，但现实是没人会读心术，谁也不是谁肚子里的蛔虫，即使再爱一个人，也不可能猜透对方的心思。如果你不满意对方不做家务，忍着怒火不如直接要求他："你记得把碗洗了，出门的时候把垃圾倒了。"

有话直说还意味着直说你的感受。第一，"我感觉××""我希望你做××"，这样的方式能让他立刻感知到你的感受，同时你给了他一个改进方向，完全不需要在质疑对方或者自我辩护上浪费时间和情绪。第二，表达过程尽量使用第一人称的叙述。有研究显示，以"我"字开头的句子一般都更温和，对处理冲突也有帮助。

🗝 以温柔的方式对话

心理学家约翰·戈特曼的研究揭示了一个结论：**一场讨论以什么方式开始，就会以什么方式结束。** 因此温柔地展开讨论非常重要。要做到温柔，温柔的身体语言和语气语调是更加重要的。研究指出，我们在接收他人表达的自我感受时，身体语言占总信息量的55%，语气语调占38%，而言语信息本身仅占7%。

使用亲近的肢体语言和温和的语调，好过批评和指责的方式。 当你温柔地表达你的想法和感受时，他更容易关注你的需求而不是被情绪左右。"你为什么就不能在我下班之前先把菜洗了？我有多累你知道吗？""亲爱的，我下班了好累的，你回家早就把菜先洗了吧，这样我回来一炒就能吃饭了，好不好？"两种方式目的是一样的，然而对于另一半的接受度和效果却完全不一样。

🗝 营造允许表达的氛围

我们前面提到，喜欢在亲密关系中忍耐的人有个共同点——不相信自己的表达是有用的，担心被忽视或否定。这意味着在这段关系里，原本没有形成比较宽松的表达环境。

首先，公开谈论倾听与尊重的问题。跟另一半诚恳地讨论你的感觉,"我每次想要跟你表达我自己的一些想法的时候,总是会担心你根本不会听我在说什么,或者左耳朵进右耳朵出","不知道怎么回事,我会担心你忽视我的想法",并且讨论哪些行为可以让彼此更好地回应对方、打破不好的预期,例如:

(1)尽量少打断对方的发言,安静地听完他的讲述。

(2)一方讲完后,倾听方尝试转述他刚才的意思:"你是想说……"

(3)讲述方肯定或澄清倾听方刚才的转述是否准确。

(4)倾听方对讲述方表达的东西说出自己的感受、看法及理由。

(5)共同商量可行的解决办法。

另外,要想打破对另一半消极回应的预期,就至少要有一方先做出好的示范,才能跳出原本的僵局,打开新的局面,这无疑是营造良好表达氛围的第一步。

048　越吵越亲密：吵架有技巧，感情没烦恼

第三节
情感欺骗：如何处理关系中的谎言

一个朋友曾经讲述他的经历："在感情里，当我发现她在撒谎后，一切都变了。我会觉得一切都是假的，包括以前她对我的好，我觉得眼前这个人好陌生。"

如果说撒谎是一根刺，那么欺骗就是一把刀。欺骗和撒谎的本质是一样的，都是掩盖事实的真相，只是程度上有差别，比起撒谎，欺骗的程度更深，伤害也更大。一般我们说欺骗的时候，往往是说触及了道德甚至法律的事情，比如婚外情。

网络上有一个短视频特别火，这个视频讲了男生在纪念日的那天跑到女朋友的城市，想给对方一个惊喜，却发现她竟然跟别的异性在一起，原来女朋友一直在欺骗他。来自最亲密的人的欺骗，是最伤人心的。当我们发现伴侣在撒谎，甚至是欺骗时，我们该怎么办？

🔑 你对 Ta 说过谎吗？

一项研究显示，在参与心理实验的人当中，有 92% 的人承认他们曾对爱人说过谎，而剩下 8% 的人说没有对爱人说过谎，而这 8% 的人是不是都如实回答就不得而知了（Cole，2001）。根据这个统计数字来看，好像大多数人都在爱情中说过谎。同时，很多人都抱有一种侥幸心理："我跟 Ta 说个谎，只要不被发现不就行了吗？"

然而，事情并没有这么简单。一方面，当你撒谎后，即使 Ta 对你没有一点怀疑，你心里也非常清楚自己撒谎了，这就很容易产生欺骗者猜疑的心态，也就是，你作为一个撒谎者，也会怀疑你的另一半也是撒谎者，大有以己之心，度人之腹的感觉（Sagarin et al., 1998）。而这种心态无疑会给你的内心种下一颗不信任的种子，在某一天真切地伤害到你们的关系。

另一方面，人们出于自我服务偏差，当自己犯错时会倾向于给自己脱罪，就会认为是对方的错，我撒个谎也没什么，时间一长，就会加剧说谎频率，进一步损害与另一半的信任感。

🔑 三种谎言

撒谎也有很多类型，从小谎到弥天大谎，从善意谎言到恶意的欺骗，处理的方式都应当有所区别。

第一种谎言，我们不仅不拆穿，还要享受——那就是出于爱和关怀的谎言。当你娇嗔地问男友，"我漂亮还是抖音上的小姐姐漂亮"时，诚实的男友每次都像魔镜一样告诉你真相："你的脸太大了，胸有点小，腿再长点就好了。"你会因为他的诚实而感到开心吗？

当你一脸自信地跟女友秀出肌肉，自豪地说"我恐怕是世界上最帅的男人了"，女友像魔镜一样诚实地说："你让吴彦祖的脸往哪儿搁？"你会因为她的诚实而感到欣慰吗？

很显然不会。心理学研究表明，伴侣有点违心的夸赞、刻意的赞同以及假装理解，这样的谎言对亲密关系不仅没有威胁，反而具有一定的情感支持的效果（Watzlawick, Beavin, & Jackson, 1967）。所以，大胆地接受和享受 Ta 的夸赞、认同和理解，哪怕是有一点点的小瑕疵，真相反而成了最不重要的事。

第二种谎言，是一方不想损害另一方的期望而撒的谎，这也是最常见的一类谎言（Millar, K. U., & Lesser, A., 1988）。当我们觉察后，需要挖掘它背后的真正需求。女生给男生打电话，希望他能陪着出去逛街，男生说自己特别忙，因为论文马上要交了。结果女生发现男生的游戏账号处于在线状态，一气之下吵着要分手。当我们察觉另一半这一类的谎言时，我们需要注意两点：

1. 这一类的谎言本质上是出于维护两个人之间的关系，并没有太大的恶意。当你能意识这一点时，就能快速冷静下来，避免过于冲动，说出一些伤害对方的话，而导致问题升级。

2.关注谎言背后的需求。比如上述那个案例，男生骗女友在赶论文结果却是在打游戏。在这个情境下需要思考两个问题：男生撒谎的初级动机是什么？更深层次的原因是什么？你可以看到男生的需求是打游戏，女生的需求是去逛街，所以男生撒谎的初级动机是满足自己的需求。但是男生完全可以选择直接告诉女生："我今天已经答应舍友要一起打游戏了，明天再陪你逛街好不好？"为什么要撒谎呢？这就是撒谎的深层次原因。现实情况有很多，比如男生如果选择直接拒绝，女生会直接发飙，或者男生认为女生会强制他去逛街。我们可以看到，撒谎的终极原因是沟通和相处模式的问题。

当你能分析到上面两点，事情就很明了了，基本可以锁定解决此类冲突的方向。那就是解决沟通双方的需求和逐渐改变相处模式。

第三种谎言，是最严重的谎言，也就是涉及情感上的欺骗行为，比如背叛、劈腿，是对亲密关系伤害最大的欺骗行为。

🗝 遭遇背叛，要原谅吗

遭遇背叛到底是否应该继续这段感情？当人遭遇背叛，理性化的处理方式当然是离开这个人，重新开始自己的新生活。

但在现实中，有太多的人困于生活的壁垒中，无法完全独立于家庭生活或者独立于另一半。因此，对于到底要不要原谅或者要不要继续，更多的是一种个人选择。

尽管如此，我们还是要清楚，不管是否要继续这段感情，都可以尝试去原谅，去宽恕。但原谅不代表隐忍，不代表忽视我们受到的伤害，更不代表彻底忘记对方犯的错，而是意味着自我关照式的原谅。

自我关照式的原谅，是基于关爱自己、有原则的原谅。很多人，尤其是很多女性，当发现自己的伴侣有背叛的欺骗行为后，往往会陷入矛盾中，一开始是各种歇斯底里，冷静一点后又开始想是不是自己哪里做错了，甚至沦为无条件的原谅、讨好对方。这样的做法会让自尊再一次受挫，让情感遭遇二次受伤。

自我关照式的原谅包含三个内涵：

1. 不管是否选择继续这段感情、要不要原谅，最终的目的是放过自己。研究者发现，原谅可以让受伤者尽快从过去不好的事情中抽离出来，更快地开始新的感情（Fitzgibbons，1986）。当我们怀着仇恨，甚至报复心理分手，我们离幸福也会更远。这就是为什么很多人在遭遇欺骗后，即使进入新的恋情，依然会不信任，甚至没办法持续长久的亲密关系。

2. 假如你选择挽回这段感情，那么原谅有助于你们不再因为过去的错误惩罚现在的感情，也能防止再次破裂。心理学研究已经证实，原谅可以修复破碎的关系，同时在一定程度上治愈情感创伤（Worthington & Di Blasio, 1990）。

3. 如果你选择挽回这段感情，必须保证是有底线的原谅。原谅不能是你单方面的努力，你的原谅必须建立在对方真切地认识到自己的错误，真诚地道歉，并郑重地承诺，他必须为犯的错误付出代价，为修复关系主动做出努力。只有这样，你的原谅对于挽回这段感情才是有价值的。

第四节
情感虐待：摆脱冷暴力和精神控制的枷锁

你有没有过这样的经历：和恋人吵架时，你给 Ta 发了一大堆信息，Ta 却毫无反应，你等啊等啊，总算等来了他的回复，然而却只有简短的几句敷衍。

此刻你是什么心情？抓狂，不安，还是愤怒？

当你的另一半有这样的行为时，你就需要意识到：你可能正在遭遇冷暴力。

🗝 小心冷暴力

冷暴力在心理学上，还被称为精神虐待。伴侣间的精神虐待是一个非常突出的问题。调查发现，大约有 35% 的女性曾经遭受过来自配偶或情侣的精神虐待（O'Leary, 1999）；72% 的人说，精神虐待比肢体暴力对他们的伤害更大（Follingstad et al., 1990）。

冷暴力常常悄然地存在于情侣之间，并且有时候还不容易被察觉。有一次跟几个朋友小聚，我让大家做了一个回忆游戏。一位朋友抽到的游戏题目是"回忆一件伴侣让你难过的事"。她想到的是，研究生毕业的时候，她要忙很多事，所以就拜托她的男友帮她调一下论文的格式，她男友虽然口头答应了，但是在帮忙的过程中，他看起来很不情愿并且非常不开心的样子，问他怎么了也不回答。

回忆到这里，我这个朋友突然大哭起来。平复下来以后，她说："我很惊讶为什么我会想起这件事，当时我们并没有吵架，我也好像没意识到有多难受。"

这就是冷暴力的威力，哪怕你没有察觉，但却深深地伤害了对方。心理学研究发现，遭遇精神虐待的人患抑郁症的风险会大大增加，还会导致自尊水平降低、自主感降低，产生与社交相关的恐惧感，并且自杀概率也更大（Sackett & Saunders, 1999）。

🔑 你在遭受/施加冷暴力吗？

心理学家桑德斯（Saunders）等人通过因素分析将冷暴力（精神虐待）划分为五个维度：批评、忽视、奚落、控制和恐惧。

尝试回忆一下，你有没有这些行为，或者伴侣有没有这些行为。

（1）批评。当你发表某个看法的时候，Ta会习惯性地说"不"，或者"不对"；当你做好饭或者做完家务后，Ta总是说这儿不对，那儿也不对；要求你必须按照Ta喜欢的，或者Ta更愿意的方式去做事。

如果你或者你的伴侣有上面的类似行为，频率还很高的话，那么你或者你的伴侣就可能是一个习惯批评者，而长期的批评模式会让某一方感觉受到精神虐待。

（2）忽视。同样回忆下面的行为是否在你们两个人中出现。

看手机、玩游戏、睡觉，好像其他的所有事情通通优先于你的需求；当你生病的时候、劳累过度的时候、需要帮助的时候，Ta总是想不到考虑一下你的感受，比如你让Ta帮忙买个药Ta也会忘记，让Ta多做点家务Ta也选择拒绝；

从来不会为你妥协，永远是Ta说了算，比如在性方面，决定权在Ta那里，不会想到你是否会开心；当你讲话的时候，Ta总是假装听不到，也不回应。

如果你的伴侣有上面四种情况发生，或者反过来你也经常这么做，那么你们可能在忽视彼此。

（3）奚落。这一点比较明确，就是在彼此的相处过程中，有没有抨击对方的人格、暗指你配不上Ta、讽刺你，当你成功以后故意贬低你的价值，当你失败以后故意放大你的过失，这些都属于奚落。

（4）控制。指超过正常水平的干预。比如，是否有一方会严密监控另一半的行踪，有的严重的，一天每隔一两个小时就要打个电话，每天查对方的手机、微信，不仅吃异性同事、朋友的醋，还会吃其他家庭成员的醋，等等。过度的干预和过度的嫉妒，也都属于精神虐待的范畴。

（5）恐惧。回忆一下你们之间的感受：

当你跟Ta在一起的时候，会不会有如履薄冰的感觉？

当你跟Ta在一起的时候，会不会总要看Ta的脸色行事？

你会担心，如果你违抗Ta的意愿，Ta会打你吗？

有多少事情是你不想做，但是出于害怕伴侣而做的？

如果上面几个问题，你觉得有很多存在于你们之间，那么很可能你们是精神虐待的受害者。

精神虐待的危害这么大，为什么会那么普遍地存在于家庭中和情侣间呢？

首先，精神虐待或者说冷暴力，意味着不懂得该如何表达自己的需求。在前面的那个案例中，托男友帮忙调论文的格式，男友答应了，却板着脸，还不高兴了。他为什么会不高兴？其实是他压根不想帮你，或者他也在忙，他的需求是做自己的事，但是他委屈了自己，又不知道该怎么表达自己的需求。

其次，精神虐待的本质是惩罚。当他不能合理表达自己的需求，或者你们之间没法达成共识的时候，Ta就会不由得采用精神虐待的方式来表达自己的不满，其实本质就是在惩罚你。

如何处理或预防冷暴力？

冷暴力在很多时候是不容易被察觉的，所以，先觉察自己的行为或另一半的行为是不是属于冷暴力就非常重要。当可以快速觉察，又能意识到其危害时，就能更高效地预防冷暴力的发生。

第一，当一方实施冷暴力时，另一方需要明确指出并强调危害。可以采用"你××的做法是冷暴力"+"我感到很××"+期望的方式。比如你可以说："你这样不理我，这是冷暴力，我很难过，我希望能跟你好好聊这件事。"指出对方的行为是冷暴力，有利于让Ta意识到自己的做法是很有害的，表达自己的情绪有利于让Ta共情，明白你的真实感受，提出期望有助于把冲突向解决的方向引导。

第二，抛弃惩罚的解决方式，因为精神虐待的本质是一种惩罚手段。当面临冲突的时候，一大部分人会使用惩罚，认为惩罚是有用的，事实上，惩罚带来的效果微乎其微。

心理学家斯金纳做过经典的小老鼠惩罚实验。他把老鼠放在箱子里，只要老鼠停止按压杠杆，箱子就会通电，老鼠就会遭遇电击，也就是惩罚。很快，老鼠就学会了按压杠杆。但是，实验显示，一旦撤销电击，老鼠就会放弃按压杠杆。这个实验说明，惩罚可以带来一定的效果，但这个效果持续的时间是非常短暂的。对人来说，惩罚的效果也是一样短暂的，一旦撤销惩罚，就会再犯，这就是为什么很多人会抱怨自己的另一半，总是屡教不改。惩罚对人来讲，还有更深远的负面影响，那就是会在彼此心中埋下怨恨的种子，说白了就是既没有什么持续的效果，还会让你们越来越讨厌对方。当你们能深刻理解惩罚不是一个好的解决冲突的方式的时候，冷暴力行为也能更少发生，至少你们会达成一个共识——冷暴力是无效且有危害性的方式。

第三，对平等达成共识，表达和协调双方需求的默契。如果一方总是很傲娇，认为自己的需求永远凌驾于对方之上，那么迟早有一天会陷入精神虐待的旋涡中。两个人的关系越是不平等，处在较低位置的一方就越容易遭受冷暴力。因此，至少要追求情感上的平等，要达成共识，承认在满足各自需求方面，双方都有相同的权利。在此基础上，什么时候是需要你去优先考虑他的需求，什么时候是他需要优先考虑你的需求，什么时候是必须跟对方妥协的，这些细节都需要在磨合的过程中找到答案。只有建立这样的机制和相处默契，才能更好地避免和预防冷暴力。

Chapter 3

爱情中的信念冲突

爱情里的承诺是一件非常重要的必需品。它可以让你坚定对这段感情的信心，哪怕遭遇了别人的诋毁、质疑，爱的承诺依然可以保证你们情比金坚。

第一节
伴侣的未来没有我,该放弃吗

很多女生都喜欢问自己的男朋友这样的问题:"你爱我吗""你到底爱不爱我""你到底有多爱我"。大部分男生会程序化地回应:"爱,爱,爱""当然爱你""我都爱死你了"。也有的男生会感到莫名其妙:"女人为什么喜欢反复问这些问题,我对她好不好、爱不爱她难道她感觉不出来吗?""问一次两次是撒娇卖萌,天天问真的会烦啊"……

当女生反复问出这句"你爱我吗",真的只是因为无聊而问的吗?

事情恐怕没那么简单。这句快把男生问烦的问题,本质上是承诺的问题。女生问出"你爱我吗"后,绝对不是想听那个谁都知道的答案,真实的情况是她可能在向你索要承诺。

一位女性朋友曾跟我说:"我对现在的感情很没有确定性。"我问她:"是不确定你爱不爱他吗?"她回答:"我很爱他，但是我却不知道他到底对我是什么感觉。"我好奇地问："那是什么让你觉得不确定的？"她想了想，回答："因为我总觉得他给自己设定的未来里没有我，比如他聊起自己很想去玩滑翔，就从来没有顺带问过我，想不想去尝试。这些小事都让我觉得很不确定他是否也爱我。"

承诺，是必需品还是奢侈品？

有的人说，承诺这种东西华而不实，好听却不中用，不要当真，认真你就输了。

有的人认为，"我必须让我的爱人不停地给我各种承诺，这样我才能安心。"

那么，在爱情里，到底要不要承诺？有必要承诺吗？

心理学家可以毫不犹豫地回答：要！必须要承诺。

有一个心理学实验是这么做的，研究者（Arriaga, X. B., Slaughterbeck, E. S., Capezza, N. M., & Hmurovic, J. L., 2010）找来41对情侣，事先测试了他们各自在爱情中的承诺水平和满意度，然后把这些参与者随机分为两组。

一组是虚假的积极诱导组。在这个组里，研究者对这组参与者的伴侣进行了虚假的积极反馈，也就是在参与者面前大力吹捧其伴侣。

另一组是虚假的消极诱导组。研究者在这组的参与者面前对 Ta 的伴侣进行虚假的消极反馈，不停地丑化其伴侣，反复强调 Ta 的缺点。

诱导完以后，研究者又测试了参与者在爱情中的满意度。结果就发现，原本在爱情里承诺水平就低的人，更容易受到别人的消极暗示而降低他们的爱情满意度；而原本在爱情里承诺水平高的人，研究者的故意抹黑并没有影响他们对爱情的满意度。

可见，爱情里的承诺是一件非常重要的必需品。它可以让你坚定对这段感情的信心，哪怕遭遇了别人的诋毁、质疑，爱的承诺依然可以保证你们情比金坚。

其实，承诺的好处远不止这些。

承诺会使人们更好地克制自己用愤怒来应对伴侣的愤怒（Rusbult et al., 1998）。同样是吵架，如果你们给予彼此的承诺是要结婚，那你就会对 Ta 更加包容。因为你知道，假如你也以愤怒应对，破坏的不仅是一段感情，还意味着要牺牲未来婚姻的可能性和幸福感；而如果你们的承诺水平很低，仅仅是露水情缘，当 Ta 愤怒地来跟你吵架时，你就很难有包容心，因为你给出的承诺如此之低，朝 Ta 发火的代价也会很低，大不了分手重新找一个替代者。

承诺还可以促进两个人在爱情中的牺牲精神，高承诺的伴侣更愿意自发地为对方付出（Impett & Gordon, 2008）。所以，我们身处一段感情当中，承诺并不可少。

为什么 Ta 对我的承诺水平很低？

如果你发现，Ta 对你的承诺水平很低时，是哪里出了问题呢？这里有三个方向性的指标可以用来参考。

第一，重新审视一下，你们目前的关系中，有哪些让彼此不满意的地方。

爱情满意度和承诺往往是双向影响。当你对关系中的某一些地方很不满意时，就会影响你们的承诺水平；一旦承诺水平下降，又会反过来降低关系的满意度，从而形成一个恶性循环。当我们发现，感情中的承诺水平下降后，要考虑是不是我们的恋爱关系本身出了问题。比如在性生活上的不满意很容易会让你怀疑要不要跟眼前这个人共度余生。所以觉察我们对关系的不满意点非常重要。

第二，你们的身边或者在你们心里是否出现了质量更高的可替代选项。

如果伴侣的心里有了更吸引 Ta 的目标，那么在你们这段感情里，Ta 的承诺水平就会下降。如果其中一个人对别人动了心思，自然就不会像以前那样对你更上心。

第三，尝试检查一下你们对彼此的投入是不是减少了。

研究发现，对爱情的投入（Le et al., 2010）可以预测亲密关系的持续时间和忠诚度，与承诺水平呈正相关。也就是说，你们对彼此投入的越多，你们的关系越稳定，互相的承诺水平也越高。在这一点上，如果你跟恋人正处于异地状态，就要格外注意。物理距离的困难，很容易让你们感到"我跟 Ta 好像只剩下一个名分了"，这个时候就要考虑是不是要加大双方在感情中的投入。比如，多一点时间聊天啊，多一点计划见面啊，等等。

🔑 提升承诺水平的方法

提升爱情中的承诺水平并不是一件容易的事。爱情中的承诺不是普通的保证，承诺有甜言蜜语的效果，但却不等于甜言蜜语。我们有时候自动地认为承诺就是说漂亮话儿，其实并不是，承诺有它特定的内涵。

到底该如何提升承诺水平呢？

第一，表达你希望维持感情的愿望和想法。比如，"我觉得跟你在一起很快乐，要是能一直这样就好了""我觉得你就是我想要携手度过一生的人"。真正的承诺一定是指向未来的，相比之下，跟普通的甜言蜜语就有所不同，比如，"我第一次见你就被你迷住了""我忘不了你美丽的眼神"，这些很动人的话虽然很好听，但却不是承诺。

第二，憧憬和规划两个人的未来。如果一个人跟你谈了几年恋爱，但一提结婚就回避，很显然是承诺水平很低的表现。当我们在向伴侣承诺时，要包含对彼此未来的计划。当然，这个计划不一定非要是结婚计划，只要是设想两个人的未来的都可以提升承诺感。比如，"我们要不要一起养一只小动物"，或者"我希望我们以后可以每周都去听一次相声""我们弄一个专门的账户吧，每个月攒一点钱存进去，然后攒够一定的数以后就出去玩儿"，等等。这些憧憬和规划都指向未来的某些细节和行动，是非常有利于爱情关系的承诺。

第三，提防"自我消耗"型的承诺。研究者发现，承诺大致可以分为两大类：一类是自发的承诺，是发自内心的，"我要怎么样，我要跟 Ta 在一起，我想跟 Ta 计划未来"；而另一类是自我消耗的，自我消耗型的承诺背后的含义是"我应该或者必须这么做"（Johnson，1999）。

研究发现，自我消耗型的承诺可以给爱情带来额外的负担。试想一下，当你想到为什么要跟这个人在一起的时候，你总是要去想这是责任，这是义务，或者觉得因为自己过去几年都投入在这个人身上了，你会不会产生怀疑，"我是不是根本不爱 Ta？"所以，我们需要提防这种"自我消耗"型的承诺，从"我得跟 Ta 在一起"转变为"我想跟 Ta 在一起"。

因此我们承诺时，要尽量侧重个人体验，而非在一起背后的价值。尝试从下面几个问题入手进行承诺：

1. 我跟 Ta 在一起的时候，什么时候最快乐。
2. 我跟 Ta 在一起一直不快乐的话，我能不能忍受。
3. 以后我们一起做点什么可以更快乐。

第四，最重要的，努力提升你们的爱情满意度。跟一个人在一起开心了，幸福感强了，自然而然会激发出很多想法、行动去表达承诺感。所以，经营感情是提升承诺水平的最根本的方法。

如果读到这里，你发现自己在现在的感情里根本就不快乐，而且预感以后也不会快乐，那么在想提升承诺水平之前，你可能要先想想你们感情的问题出在哪里，还有没有必要走下去。

第二节
爱情里斤斤计较，追求公平有错吗

你有没有过这样的体验，回到家你又是洗衣服，又是打扫房间、做晚饭，而你的 Ta 却在高兴地玩着游戏，你可能暗自不爽，也可能放下手上的活生闷气，心想"你什么都不做，那我也不做了"，你也可能朝他歇斯底里，喊出那句几乎天天会喊的话："什么都是我来做，这公平吗？"

爱情中的公平问题常常是引发争吵的导火索。当你觉得自己付出的更多时，你可能会怀疑"他是不是根本就不在乎我"，"这个人真的靠不住"，于是，在这些想法的驱使下，就会产生对 Ta 的埋怨甚至憎恨；如果你处在付出少的位置上，当面临对方指责的时候，你又会感到内疚，还可能会转变成愤怒，最后破罐子破摔；"你越骂我，我越不干""你随便说，我反正就这样"。

事实上，在爱情中，没有绝对的公平。研究发现，当一方说不公平的时候，另一方不一定认为不公平，因为爱情中涉及生活的方方面面，我们大多数时候根本说不清楚。比如，你指责男朋友不干家务活，不公平，但是人家会反过来说："我每天工作那么忙，挣的钱是你的两倍，我回来还要做跟你一样多的家务，这公平吗？"

那为什么有的情侣就不会受到这方面的困扰呢？为什么你们之间以前没这个问题，现在却有了呢？想解决感情中公平感带来的冲突，我们需要对这段关系做三个审视。

第一个审视：你们的爱情处于什么阶段

解决公不公平带来的冲突，要做的第一个审视是：你们之间的爱情处于什么阶段，如果你们的爱情还没有稳定或者刚确立不久，时不时体验到不公平是一件正常的事。

根据社会依赖理论，一段亲密关系开始和维持的一个重要因素就是价值的交换。在关系开始前的互相选择阶段，隐性的价值盘算就开始了。我们像一个账房一样，敲着算盘，计算着这段感情的收益和支出。

曾经就看到过一个男生在社交网络发表的抱怨："这是什么女朋友，我花了那么多金钱、时间、精力，才追到她，结果她连手都不让拉。"可见，既然最开始的本质是价值交换，时不时要算一下对方能带来的价值，公不公平的问题自然会比较明显。

心理学研究者发现，爱情确立和稳定的时间越久，恋人之间就越不会在乎爱情中的价值交换。女生和男生刚在一起的时候，通常不会接受男生的贵重的礼物，很显然，如果你接受了，就意味着你得拿差不多价格的东西回赠。而等到你们两个感情很好，在一起的时间更久时，就会更少地考虑这次谁花的多、谁花的少。

也就是说，**由于爱情很复杂，从开始计算价值到两个人逐渐模糊界限，情侣对公平的感知也在不断地变化。**公不公平这件事成为困扰的一个原因是你们两个人对公平的感知产生了偏差。

比如有的女生在一开始被追求的时候，被男生请吃饭、送礼物，但是女生还不确定他是不是真的适合自己，于是故意跟他拉开距离，每次约会都要坚持AA制。这时候女生并不会觉得不公平。随着这段感情渐入佳境，女生可以接受这个男生做男朋友了，逐渐认为不需要每次都AA，但男生却可能意识不到这个问题，开始女孩子的坚持也让他习惯了AA制，这时候，女孩子的投入变多了，男生的投入却没有跟上，就会让女生感觉不公平。

这种情况，你大可以直接说出自己的感受，对你们的感情并不会有什么不好的影响。直接沟通依然是最好的解决方式。

🔑 第二个审视：不公平背后的诉求

如果你们在日常的相处中，总是因为一些"我做了什么，你没做什么"的小事斤斤计较时，你就需要审视这种不公平感背后的诉求是什么？对男女双方而言，不公平感背后的诉求，存在两个矛盾点：感觉不公平的一方认为"你为什么就看不到我需要什么"；而另一方认为"你为什么就看不到我为你做了什么"。

研究发现，爱情中的公平感实际上就是基于双方的需求而产生的。如果你在这个感情里总是感觉到不公平，尝试回忆一下，你跟 Ta 是不是总察觉不到对方的需求，或者你给予对方的并不是对方想要的。再者，想一想，在你们感情中 Ta 付出了什么，是不是 Ta 其实付出很多，只是你没发现？

对于这种情况，提升我们对伴侣的感知能力迫在眉睫。

第一，建立情感共用系统，从情感上把两个人绑定在一起。你需要意识到，爱情中的两个人是一体化的，就像计算机中的两个零件一样，一个坏掉另一个也没法正常运作。事实也是如此，让对方开心也是让自己保持开心的一种方式。

心理学家米尔斯（Mills & Clark，1982）曾经做过一个实验。他们招募了一批未婚男子参与实验，将他们分为两组，都给他们看同一个录像，录像中是一位貌美性感的女子在讲话。研究者告诉其中一组男子，这个录像里的女子是一名未婚女性；同时告诉另外一组男子，这个录像里的女子是一名已婚女子。实验的最后，研究者发现，得知女子是未婚的这组男性更愿意无条件付出去帮助这位女性；而得知女子是已婚的这组男性，只有在有回报的条件下才愿意付出。很显然，在这个实验里，以为漂亮女性是未婚的这组男性，虽然很清楚现实中不可能真的和这位女性建立关系，但其未婚的身份激发了男性与录像中女性建立关系的想象，于是这组的男性就跟录像中的女性建立了情感共用系统，更倾向于无条件付出，而不会觉得不公平。

第二，经常回忆为彼此甜蜜付出的场景。有些时候，我们会忘记对方的付出，有些时候我们又会把对方的付出当作理所当然，这样就导致少了温馨的感觉，也少了幸福的感觉。所以经常回忆为彼此付出的甜蜜事情非常有意义。

第三个审视：情感自查

如果你觉得你们的关系中对彼此的需求感知很清晰，那么你要继续进行第三个审视。审视一下，你们目前是否遭遇了新的外来挑战？或者你们的关系是不是很早之前就出现问题了？

看似是斤斤计较在吵架，其实是因为你们遭遇了生活中的新压力。研究显示，对于初为人母、初为人父的夫妻，大多数会面临情感上的问题，生活中的冲突也会显著增加。

"我辛苦生下孩子，连睡个好觉都是奢侈，你就不能多分担一点吗？""我一个大男人，工作一天我也很累啊，而且打扫房间，洗尿布不都是我做的吗？"就像这样，压力会扭曲客观事实，还会影响我们的认知。处在高压状态时，更容易把注意力落在一些平时注意不到的地方上。

除了压力所迫，你还需要反思一下，是不是你们之间的感情出现问题已经很久了？或者是过去某件事导致的心结还没解开？感情的内部压力也容易使我们斤斤计较。

比如，我的一个朋友，她的男朋友曾经跟一个女生有点暧昧，被发现后男生痛改前非，意识到自己犯了很大的错。这件事虽然解决了，但依然在我朋友的心里多少留下了阴影，成了她的一个心结。之后一旦她男友哪里做得不到位，顾及不到她的感受，她就会变得斤斤计较，甚至有些吹毛求疵，心里总感觉不平衡。这就属于感情的内部压力，由于一方犯错，另一方又没有释怀的情况下，就很容易产生一种"他欠我的，应该做更多事来弥补"的心态，而犯错方一旦没有做更多来弥补，就很容易产生不公平感，进而引发争吵。

在这种情况下，就应当着手去解决内部压力的问题，公平感的问题也就会迎刃而解，比如在前面这个案例里，公平感的问题只是表象，真正困扰关系的是爱情中的嫉妒问题，这在后面的章节中会提到。

第三节
伴侣不思进取，是 Ta 的错，还是我的错

知乎上曾经有一个问题特别火："我要求怀孕的妻子上进，有错吗？"

问题的描述大概是，妻子怀孕 2 个多月在家休养，她的老公要求她得上进，学点有用的知识，比如摄影、营养学，以后能有个合适的工作，或者能给小孩和自己提供帮助。妻子听完不乐意了，觉得自己怀孕已经很辛苦了，于是和自己老公争执起来。老公一气之下就在知乎上提了这个问题，并且发问："难道是我过分了吗？"

这个问题看起来有些偏激，但可能几乎所有的情侣或夫妻都会遇到。

比如，你有没有跟自己的另一半比较过谁对家里的贡献大？有没有嫌弃过对方不思进取，配不上自己呢？或者，你有没有被嫌弃过不求上进呢？而当我们遇到这样的问题时，又应

该怎么办？

🔑 为什么总希望 Ta 比我强？

嫌弃伴侣不思进取更多的是源自社会比较。只要我们生活在社会环境中，就不可避免地会陷入社会比较中，包括我们跟伴侣两个人之间的比较。心理学家泰瑟（Tesser）（1988）提出了自我评价维持模型。他通过研究已婚人士发现，在婚姻中，人们更愿意另一半比自己强。也就是说，当另一半没你强的时候，你会为他感到很担忧；而当你的另一半比你强的时候，你会为他感到高兴。

为什么会希望另一半比自己强呢？

心理学研究者格查克（Gerchak）（2004）在研究中认为，伴侣比自己强可以作为一种自我确认的资源，尤其是在你比较看重的领域。简单来说，如果你很看重外貌，那么你的老婆很漂亮，你就更容易满心欢喜，好像自己的颜值也高了；如果很看重赚钱的能力，那么如果你的老公每个月给你带回来大把的钞票，他的赚钱能力也提升了你的自我满意度。

这就是在本节开头那个例子中，题主因自己老婆在孕期不求上进而气愤的原因。因为对他来说，他可能很看重兴趣、技能是否广泛。当老婆不听他的、偷懒休闲的时候，他感觉自我价值受到了伤害，好像自己很差劲。

这时候可能有人会问：我跟你说的不一样。当我的另一半比我强的时候，我并不是很高兴，反而感觉很紧张。这种情况的确也是存在的，比如虽然大部分女性都希望丈夫赚钱多，但也有少部分女性表示，不接受比自己赚的多的男人。这是因为，当另一半比你强很多的时候，我们多少也会产生一些危机感，感觉受到了威胁。尤其是当两个人的关系出现问题的时候，对方比你强带给你的威胁感会远大过他比你强带给你的自豪感，就会产生恶性竞争。

成为势均力敌的爱人

从以上的心理学研究中你可以发现，当两个人在某些方面极其不对等的时候，关系就会出问题，更容易引发争吵。所以，被嫌弃不求上进，很可能是因为你们不够势均力敌。

这也是我们要讨论的重点：怎样才能获得势均力敌的爱情呢？

最重要的一点，就是避免托付心态。

这种心态多见于女性身上。因为在传统观念中，女性的幸福取决于她的丈夫，似乎只要嫁对了人，这辈子就高枕无忧了。这事实上是对自己人生的不负责任。主动放弃自己把握命运的能力，转而把自己全部托付给他人，万一所托非人，你的人生就彻底失败。同时，托付心态也会给对方造成巨大的压力，使他背负了两个人的梦想和重担。这会让你们的关系变得更加沉重，地位也会进一步不对等。

不管是女性还是男性，在爱情和婚姻当中，都应该努力提升自己的价值和个人魅力，避免把人生的希望寄托在另一半身上。 这不仅可以让自己更加自信，拥有离开对方也能过得很好的资本，而且你的进步还能时不时带给对方一些惊喜感和新鲜感。

另外，强的一方要对稍弱的一方表达安慰和同情。在某一方面的比较中，相对弱的一方多少会感到受到威胁，可能通过跟对方疏远的方式保护自尊。研究发现（Beach et al., 1998），强的一方对弱的一方表示安慰和同情时，更能抵消比较带来的自尊受损，防止两个人关系疏远。比如，你可以向他表达，"没关系，慢慢来，慢慢努力，咱们有的是时间进步"，或者你可以说"没事啦，虽然你社交上是比较迟钝，但你学习能力比我强呀"。更重要的是，面对另一半的弱项，尽可能避免嘲笑和讽刺，这会大大降低你们吵架的频率。

其次，要尽量转换参照标准，放弃攀比。

在日常生活中，我们不仅会跟伴侣比较，有时候还会忍不住把自己的伴侣和别人比较，这样就容易产生心理落差。

相信没有谁愿意听到伴侣用"别人家的男朋友"和"别人家的女朋友"来反衬你的不思进取。我有一个同事就感到非常困扰。他的女朋友每天都抱怨他没上进心，还拿她闺密的男朋友与他比较，说人家又能抽时间陪她闺密，又能赚钱，还会规划未来。这让他们的关系一度降至冰点。

转换参照标准，自己的另一半哪怕进步一点点，或者已经很努力了，就没必要时刻跟其他人比。毕竟，你所看到的别人展现出来的永远是最好的一面。

还有一种情况是容易被忽略的，就是你没看到他上进，就以为他不求上进。很多人小时候都经历过类似的事，你在家学习一天想看会儿电视休息一下，结果没看五分钟，妈妈回家了。不管你说什么，她都认为你看了一整天的电视。她的认知受到了你当前状态的局限，做了一个非理性的推测。

在亲密关系中我们可能也会犯同样的错误。比如你和你的伴侣都刚步入社会，你们对新业务都不熟悉，所以你每天回到家还需要恶补很多知识，但是你发现他好像没事儿人一样，一回家就玩游戏，你顿时发火了，觉得他非常不上进。

但事实上呢？你的另一半很可能学习能力更强，在工作时间就能搞定大部分的难题，你两个小时需要搞定的问题，他可能一个小时就搞定了。所以，在你判断对方的时候，务必要分清楚你看到的"真相"和实际的真相。

第四节
性爱需求不一致，如何化解冲突

在亲密关系当中，尤其是东方文化背景下，性爱一直都是一种既神秘又有点羞耻的存在。聊起性的时候，我们都是羞涩的，甚至是尴尬的。

我有个朋友，从怀孕到生下宝宝，一年多没跟自己老公亲密，全部的心思都放在宝宝身上。这次她总算觉得应该关注一下自己的另一半了，就约了老公去看电影，希望能跟老公重温一下谈恋爱时约会的感觉，然后再一起度过一个浪漫的夜晚。结果那部电影一点儿都不浪漫，看完电影回家的路上两个人还淋了雨，心情糟透了。

朋友后来跟我们聊这件事的时候，说她老公从头到尾都没有察觉她的用心，设想好的浪漫夜晚当然泡汤了。她对自己老公非常不满，暗自生气了好些日子，总是挑事儿吵架，以致老公以为她产后抑郁了。

听到这件事的时候,你会觉得有点好笑还有点尴尬,但的确很现实。不是所有人在性这个话题上都可以做到坦然地沟通。其实这个朋友完全可以在搞砸约会以后,跟伴侣坦诚她的想法和她的渴望。

不同性爱观的影响

不管是受传统文化的影响,还是因为内心的不自信和一大堆的顾虑,涉及性爱话题的时候,人们总是会迸发出强烈的羞耻心。比如女生觉得,这种事就是要男生主动啊;而男生很可能又在想,看她冷冰冰的样子,八成是不想。还有一部分人甚至会觉得,这种话题为什么要聊,有必要吗?

要不要谈这件事看似鸡毛蒜皮,但却可能隐含了你持有的是性爱观。

对性爱的看法和观念大致有两种:一种是性爱宿命观;另一种是性爱成长观(Pumine & Carey,1997)。这两种观念对婚姻和爱情中的性爱满意度有不同的影响。先来看看你是哪种观念。

你可以对照下面的条目,根据自己对这句话的赞同度打分,1~5分,分数越高代表越赞同。

(1)如果跟 Ta 在性爱上有一些问题就说明这个人不是我的灵魂伴侣。

（2）如果我们在性爱上存在问题，那基本上这段感情最后也会完蛋。

（3）要想让我们的性爱越来越满意，我们必须通过努力去解决那些不和谐的地方。

（4）我想我得去尝试承认 Ta 在性爱上跟我有不同的兴趣，一味要求 Ta 跟我一致是不行的。

（5）每当性爱不理想的时候，我就感觉我们之间的感情也不过如此。

（6）要想让我们的性爱更和谐，我也必须要学会妥协。

（7）能一起克服性爱中的困难标志着我们之间的情感纽带很牢固。

（8）性欲望在关系中有波动是很正常的事。

（9）如果我们是真爱，那么相应的，性生活也会随之完美。

（10）交流性爱中的一些事可以让两个人更亲密。

（11）性生活有多激情，就意味着两个人的关系有多好。

（12）性爱中的问题是感情不好的标志。

（13）哪怕是感情很好的伴侣一样会有性爱上的挑战。

（14）性爱没有以前那么满意了，说明两个人关系也变差了。

以上这个简单的小测试能帮助你了解自己的性爱观。现在请你把（1）（2）（5）（9）（11）（12）（14）题的得分加起来，算出的分值就代表性爱宿命观的分值；剩下的题目得分总和代表性爱成长观的分值。

得分更高的那个就代表你持有的主要观念。如果你发现，二者得分基本一致或者相差小于 2 分，那么说明你的性爱观比较模糊。

为什么要测试这个类型呢？本质是为了让你探寻自己内在对性的看法，从而帮助你找到一些可以改进性爱关系的地方。

持有性爱宿命观的人，致力于追寻一生的性爱伴侣，要求对方在性爱偏好、需求、欲望上都跟自己匹配。性爱中一旦有不满意或者遭遇困难，就会怀疑对方不是最合适自己的那个，并且持这种观念的人会认为性爱是亲密关系的晴雨表，性爱顺利说明两个人关系好，反之，不好。

持有性爱成长观的人认为，满意的性生活是要通过双方的不断努力来实现的，包括那些不和谐的也是可以通过努力改善的。持这种观念的人会更加关注伴侣的需求，想办法让对方快乐，更愿意为彼此的需求做出改变和妥协。

很显然，持有性爱成长观的个体，对他们的性爱更加满意，对亲密关系的满意程度也更高。如果，你发现自己或者另一半持有的是性爱宿命观，那么就要注意去修正观念。持宿命观的人更容易因为性生活中的一些不满意而怀疑甚至放弃你们的感情，非常不利于亲密关系的长久和稳定。

采纳更积极的性爱观念意味着已经解决了性爱中的大部分冲突，毕竟，性心理学家温泽（Wincze）在1991年就坚定地说过：没有沟通和交流，性爱上的问题就绝不可能得到解决。

我的感受也很重要

很多人在性爱方面非常缺乏自我意识，严重忽视自己的需求。如果在性爱上，你总是有下面三种认知，那么很可能你陷入了严重忽视自己性需求的境况中。

（1）我只关心Ta满不满意舒不舒服。

（2）只要Ta开心了我就开心。

（3）当我和Ta想法不一致时，基本不存在按我的想法来的情况。

如果你认为，你的委曲求全可以让Ta更满意，那就大错特错了。长期的性需求无法满足一定会让你产生诸多不满，哪怕你已经试图在掩饰自己的不满。研究也证实，考虑伴侣的需求会有益于性爱满意度，长远来看有利于两个人的亲密关系；但是只考虑对方不考虑自己反而会损害关系（Muise, Bergeron & Impett, 2017）。

长期一方无条件满足另一方，还可能导致性胁迫，即一个人在另一方不愿意的情况下，用语言施压或者肢体暴力来要求发生关系的行为。一项对277名女性和156名男性的调查显示，43%的女性和17%的男性称在过去一年的恋爱关系中，曾经遭遇过性胁迫（O'Sullivan, Byers & Finkelman, 1998），例如，"如果你不按我的来，我觉得我们就没法相处下去了"。长期的服从和对自我意愿的忽视，很可能会使你在遭遇粗暴对待的时候，也失去了说"不"的勇气。在这样的关系下，感情最终会走向痛苦和毁灭。

保持性爱沟通

那么该怎么沟通？沟通什么呢？可以从下面三个方面入手。

第一，了解双方的性爱偏好。

沟通欲望水平是很重要的。当一方欲望水平比较高，另一方没什么想法时，欲望高的一方往往会非常受挫，甚至胡思乱想："我是不是没有魅力了？Ta是不是不爱我了？Ta难道有外遇了？"然而事实是，Ta只是这时候累了而已。所以沟通彼此的欲望水平是很必要的。

沟通的时候还可以想一些比较有情趣的方法，比如直接将自己的欲望分告诉伴侣："我九分，你呢？"当然还可以想一些更有意思的操作：两个人约定一些物品代表自己的欲望水平，比如钢笔代表欲望水平很高，橡皮代表欲望水平很低。

针对其他方面的沟通也很必要。包括选择哪种避孕手段，要不要使用一些产品辅助，对前戏时间和方式是不是需求一致，双方期待的性爱时间，等等，都是需要沟通来做调整的。

第二，了解自己和对方的身体。

这点除了言语沟通，可能还需要更多的尝试。很多人对自己的身体都不是很了解，在性爱中也没有投入太多的注意力放在了解自己和伴侣的身体上，哪里是敏感区，什么样的方式可以更容易获得生理上的快乐，等等。相对女性而言，男性对另一半的了解与性爱满意度呈正相关。原因可能在于，由于生理构造的差别，男性生理上的满足更容易、更简单，而男性在性体验中的快乐和满足更多基于自己在性爱中的表现。

第三，平时多一些亲昵的动作、爱抚。

平时生活中亲昵的动作可以拉近双方的距离，更有利于性爱沟通。研究发现，对性生活满意的人恰好是跟伴侣互相拥抱、爱抚，或者亲昵动作比较多的人。要知道，性爱满意度不仅包括生理上的满意，还包括心理层面的满意，甚至有时候后者比前者产生的影响更强烈，而亲昵的动作和爱抚恰恰可以在心理层面上起到很好的沟通作用。

Chapter 3　爱情中的信念冲突　091

Chapter 9

爱情中的状态调整

通过谈恋爱，我们把伴侣的资源、观念和认同纳入自己的自我概念当中，到达一种你中有我、我中有你的状态。如果把每个人都比作一个圆，自我延伸就是两个人的圆逐渐靠近，边界慢慢消失，最后融为一体的过程。

第一节
感情越来越冷淡，如何为爱保鲜

在大多数伴侣都在考虑吵架要怎么化解的时候，有些情侣已经连架都吵不起来了。他们感觉和对方相处已然失去了激情，想做点什么去调节，却没有效果，最后把感情拖向慢性死亡。感情一天比一天冷淡，却无从下手。

🗝 爱情为何越谈越淡？

到了一定年纪，大多数人都会想谈恋爱。有的人认为是本能，有的人认为是为了找个人做伴，消遣孤独，但心理学家认为没有这么简单。

1986年，两位心理学家亚瑟·阿伦和伊莱特·阿伦为了解答人为什么要谈恋爱这个问题，提出了自我延伸模型。这个模型认为，人总是想拥有更多的东西，知道更多的事情，让自己的经历和性格更加丰富。也就是说，**人天生就有扩展自己的**

资源、观念和认同的动机，而且自我延伸的过程会带给人愉悦的感觉。比如你了解到新鲜的知识，也会有一种获得新知的愉悦感。

而谈恋爱，就是自我延伸的一种方式。通过谈恋爱，我们把伴侣的资源、观念和认同纳入自己的自我概念当中，到达一种你中有我、我中有你的状态。如果把每个人都比作一个圆，自我延伸就是两个人的圆逐渐靠近，边界慢慢消失，最后融为一体的过程。所以每一对刚刚坠入爱河的情侣，都有非常快乐、非常新鲜的感觉，这是因为他们在认识彼此、了解彼此的过程中在进行自我延伸。

心理学的进一步研究发现，爱情中的自我延伸活动需要具备两个特点：第一是新鲜感强、有挑战性；第二是能让人激动。比如说你喜欢一个人，憧憬和 Ta 在一起，肯定不是憧憬柴米油盐，而是玩好玩的，在一起多么开心。

自我延伸不仅能为两个人带来积极的情绪，对亲密关系本身也有各种好处。多项心理学研究都表明，在婚姻中依然有自我延伸活动的伴侣，更不容易对对方感到厌倦，对感情也更加满意，婚姻的忠诚度也更高。

自我延伸对我们自身也有好处。关系中的自我延伸可以丰富我们的自我概念。

现在，我们来做个小游戏——尝试用一些词来描述你自己，你能想出多少个词呢？

研究发现，恋爱中的你形容自己的词会比恋爱前的你更丰富。也就是说，经过爱情的洗礼，你的自我概念扩大了。这也会让你更加自信。

然而，相信你有这样的体验：随着你和伴侣互相了解得越来越深入，就很难从感情中获得新鲜有趣的体验。当你们在关系当中，自我延伸的动机得不到满足时，就会寻求在其他事情上，甚至其他关系中拓展自我。

甚至在感情破裂的时候，不同的自我延伸水平也会带来不同的后果。

自我延伸水平高的情侣，已经把对方当作自己的一部分，分手以后相当于剥离了一部分的自我概念，陷入自我的混乱。这个时候如果问自己我是谁这个问题，答案常常是不确定的，描述自己的词也会更少。这种分手就会让人更加痛苦。

而自我延伸水平比较低的情侣，爱情的庇护还可能压抑掉一部分自我概念。比如小 A 和男朋友在一起以后很平淡，在男朋友眼中她一直是个温柔、顺从的形象。感情慢慢变淡，就分手了。而分手以后，小 A 顶着一个人生活的压力，在事业上努力拼搏，才发觉自己性格当中勇敢冒险的那一面在爱情的温柔乡里被埋没了。

所以我们生活当中常能见到，有的人分手以后很颓废，有的人分手以后反而脱胎换骨，自我延伸水平的差别就是一个很重要的原因。

到这里，我们大概了解了自我延伸在爱情中的作用。我们因为自我延伸的愿望走到了一起，自我延伸也能增进感情。而当时间流逝，我们不再能从爱情中拓展自我时，渐渐地就会觉得这段感情像鸡肋一样，食之无味，弃之可惜，感情就真的走向慢性死亡了。如果自我延伸水平不高，还会压抑自己原本的自我概念，分手以后反而能过得更好。

Ta 带给你怎样的自我延伸？

心理学家会使用自我延伸问卷来测这个问题。在这个问卷中，有三个问题最具有代表性：

第一，你的伴侣为你带来了多少新鲜的体验？

第二，你的伴侣能不能帮你成为更好的人？

第三，你的伴侣能不能成为你进步的方式？

回答完这三个问题，你对你们的感情能否带来自我延伸，大概就心里有数了。如果你对这三个问题有一个很满意的回答，那么恭喜你，你很幸运，他可以很好地促进你的自我延伸；而如果你觉得你的感情不能带来自我延伸，又该怎么办呢？

🔑 发现被忽视的自我

日语里有个词叫"成田分手",指的是很多新婚夫妇蜜月旅行回来,在成田机场就直接分手了。为什么呢?因为旅游相当于一次探索,给了你机会发现你没有发现的对方的缺点。这个道理也能用在感情冷淡的情侣或者爱人之间。即使你们已经在一起很多年了,但每个人都像一座迷宫,依然值得去发现被你们忽视的自我。

因此,提升自我延伸水平的一个重要的方式,就是去寻找在关系中没有展现出来的那部分自我,并且与伴侣一起去探索,让 Ta 发现不一样的你,从而把活力重新注入你们的感情中。

具体应该怎么做呢?你可以尝试先探索,再通过行动展现。

首先,用形容词法去探索。你需要完成两个步骤。

第一步,你需要尽可能多地用词语描述自己,这是你所拥有的自我。同样地,让你的伴侣尽可能多地用词语去描述你,这是在关系中你表现出的自我。第二步,对比你自己的描述和 Ta 对你的描述,找到意思不一样的词。

做完这一步,你就会发现你眼中的自己和伴侣眼中的你有多大的差别。这些词汇中,有些 Ta 对你的描述你是不认同的,这部分就是 Ta 认识你的偏差；而在你自己的描述中，有一些是 Ta 不曾想到的，而这部分就是在你们关系中被忽略的自我。

其次，通过行动展现你被忽略的那部分自我。

就拿我们前面说的小 A 的例子来说，在她男朋友眼中，她是一个温柔体贴的形象。而在小 A 自己眼中，温柔只是她的一个方面，她同时也是一个喜欢冒险的人，那么他们就可以去尝试一下冒险的活动，比如蹦极、跳伞之类的冒险活动。当男友发现原来小 A 身上还有很多自己不了解的地方，就能给彼此的感情带来更多的新鲜感。

尝试更多"第一次"

我们前面提到，研究发现爱情中的自我延伸活动需要具备两个特点：一是新鲜感强，有挑战性；二是能激动人心。只有符合这两个条件的事情，才能有比较好的自我延伸的作用。而最有新鲜感的，是那些还没有做过的"第一次"。比如第一次一起蹦极、第一次一起看演唱会、第一次学插花等。一起去探索世界，一起去发展兴趣爱好，开动脑筋，一起去打卡那些第一次，在丰富你自己人生经历的同时，也是在丰富你们在爱情中对彼此的认知。

在日常生活事件中加入高挑战性、高唤起性的元素

现在年轻人约会，通常是吃饭看电影。那么怎么在这些事件里加入高挑战性、高唤起性的元素呢？

这就需要开动脑筋。比如一般吃饭都是想吃什么就点什么，那么下次你们就可以互相给对方点一道菜，比谁点的菜更好吃，输的人就要满足对方一个要求。

再或者看电影的时候，往往是选择双方都喜欢的类型，那么你们就可以加入挑战性的元素，尝试一下对方喜欢但你不太感冒的电影，没准你会发现自己也可以喜欢上他喜欢的类型。给日常生活事件增添变数以后，平常的事情也多了挑战和趣味，也能更多地展现自我、拓展自我。

可以把一些游戏应用到日常生活，加深你们彼此的自我延伸：比如男女身份互换的游戏。平时在家通常是你扫地，Ta洗碗，你们可能会互相嫌弃对方做得不够好，那么就换过来，你洗碗，Ta扫地。再比如，模仿对方平时说话的口头禅、语气。在这些过程中，不仅有助于你们感受对方的心理，还能给生活增添高挑战和高唤醒的元素。

第二节
总是因为琐事争吵，如何提高满意度

你经历过，或者听说过这样的感情吗？两个人在一起，也没发生什么大的矛盾冲突，但是生活中点点滴滴的小纠纷，一点点吞噬了希望，消磨了感情。比如每天回家都发现家里乱糟糟的，没有人收拾；或者另一半总是丢三落四，破坏旅行的好心情……这看起来也不是什么大事，但如果一再地发生，就变成了一种折磨。**使人疲惫的不是远方的高山，而是鞋里的一粒沙子。** 这句话也同样适用于那些被琐事逼疯的伴侣。

🔑 四种心理过敏原

对于这种影响感情的小事，心理学家也很感兴趣。他们提出一种说法，就像有的人对花粉过敏，有的人对牛奶过敏一样，我们的心理也会对一些让我们感到不愉快的小事过敏。当这些小事反复发生的时候，就像花粉刺激人体那样，刺激我们的心理，让我们产生社会过敏的反应。那么就可以把这些让我们过敏的事情称为心理过敏原。

一般情况下，有四类事情会成为伴侣间的心理过敏原。你可以思考一下在你和你的另一半之间是否存在心理过敏原，如果存在，这些过敏原属于下面的哪一类。

第一类是粗俗的生活习惯。比如邋里邋遢、不注意个人形象、乱丢东西、做事拖拉等。这些你看不惯的习惯。

第二类是不体谅伴侣。比如，当你很累的时候，Ta依然不会为你分担任何家务；当你一心一意想跟Ta视频聊天的时候，Ta却总是一边打游戏或者刷剧，等等。这些让一方感到没有被体谅的事。

第三类是对伴侣的侵扰行为。也就是对伴侣的过于苛刻或者过于影响个人的事情。比如一方总想时刻把另一方控制在身边，或者犯个小错儿都要反复抱怨，等等。

第四类是违反社会规范和期待的行为。成为别人的丈夫、妻子、女朋友、男朋友应该是什么样子，社会对我们是有一定的规范和期待的。像遵纪守法，对待家庭忠诚、负责任等，违反这种社会期待的行为就会让我们过敏。比如赌博、酗酒，过于懒惰或者劈腿等。

心理学家认为这些事情反复发生，就会让人产生社会过敏，造成更加激烈的情绪体验。举个例子，如果在你生日那天，Ta忘记了给你过生日，你通常会不开心。如果这是Ta第一次忘记，你可能会很快谅解；但如果这是他第三次忘记呢？每次都说下次会记得，但从来没有真的记住。反复地被遗忘就会成为你的心理过敏原。你可能本来情绪挺稳定的，但遇到这种情况当场就能崩溃，因为此时你社会过敏了。

这四种过敏原对我们的影响也是不同的。研究表明，最影响我们情绪的是对伴侣的侵入行为；其次是违反社会规范的行为；不体谅伴侣和粗俗的生活习惯对我们的影响程度差不多。

为何会对这些小事过敏？

第一种，印象管理水平下降了。两个人刚在一起的时候，都想尽力把最好的一面展现给对方，平时邋遢的人也会把自己收拾得干干净净、漂漂亮亮的。但在一起久了以后，好像不需要那么在乎自己在对方眼中的形象了，你就可能更多地发现对方本性当中让你不舒服的那一面。什么勤劳、整洁、体贴、爱学习通通都不注意了，这些事反复刺激对方，就会出现社会过敏，不断吵架，情绪爆发。

第二种可能是Ta并没有变，变的是你的心境和信念。你过去喜欢的和现在讨厌的，是他的同一种性格。比如你过去喜欢他有事业心，而现在会讨厌他不顾家。他没变，变的是你的心境。心理学家给这种现象起了个名字——"致命的诱惑"。

他追你的时候很执着,你很喜欢,也许现在你又会觉得他太固执。

如果让你社会过敏的是这种"致命的诱惑",那你就需要调整自己的心态。比如你过去喜欢他的执着,现在不喜欢他遇事固执己见,就可以问问自己:

当初为什么会喜欢他的执着?

现在固执己见的他,和当年执着的他还是同一个人吗?是他变了,还是我变了?

如果是我变了,我能不能重新适应他的执着?

如果是他变了,那么他应该做出怎样的调整,能够在保持他的执着的同时,不伤害我?

也许问完自己这几个问题,你的心里就有了答案。

很多反复发生的、影响感情的小事,虽然看起来可能各有各的不同,但是归根结底还是因为社会过敏。所以,只要我们学会怎么处理社会过敏,就能应对这些小事。把鞋里的沙子倒出来,好好地攀登感情这座大山。

应对心理过敏原的三个办法

办法一:避免直接对抗引发新的心理过敏原。

很多人被伴侣气到以后,都会条件反射地直接对抗,最常见的有暴怒发泄、以牙还牙式的报复。比如,他本来应该洗的碗，没洗，一直拖着等你洗，你非常气愤，不仅不洗碗，干脆一个月不干家务，什么都不干了。这样对抗的做法看似好像很有威慑力，但却容易引发新的心理过敏原。当你的伴侣一看到你稍微有休息偷懒的倾向，就以为你又在罢工闹脾气，免不了来一轮新的斗争。那不对抗的话怎么应对？

办法二：让Ta对心理过敏原产生充分的认识。

很多时候，当Ta做出让你不舒服的事情时，你被气得呼呼的，但很可能Ta都意识不到，没准Ta还反过来说你："你脾气怎么这么差，动不动就气呼呼的。"所以，得清楚明了地告诉Ta，"你的行为让我感到非常不舒服"，或者"每当你做出这种事情时，我就想发火"。

但是，光告诉也不行，因为很多时候，你也反复说了，但Ta依然老样子。所以，你得让Ta意识到问题的严重性，给彼此专门空出一个时间来探讨这个问题。比如，乱丢东西这件事，大多数人是看到他乱丢东西，把他训一顿就干别的了。这种做法不足以让他认识到问题的严重性。所以，专门找一个时间，认真地来聊这个事。等双方都意识到问题的重要性了，下一步就得赶紧想法子解决。

办法三：聚焦解决。

有两种方式：一种是正面解决；另一种是补偿。正面解决需要做好两件事。首先，被需求的一方要有良好的认错态度，好好道歉，诚恳反思。配合改进的态度可以降低对方的社会过敏程度。另外，最好约定双方满意的做法。像拖拉不洗碗这件事，就可以双方约定，比如，他的要求是，吃完饭实在想休息一下再洗，那么你们就可以约定，他可以不立刻洗碗，但最晚不能拖到下一顿。这个就是正面解决的过程。

如果正面解决不是很管用，就得用补偿法。研究发现，对某一方面的社会过敏可以被其他方面的好处抵消。比如你从小爱乱扔东西的坏习惯改起来实在太痛苦了，那么你就可以让自己在别的方面做得突出一点，如更多地替对方考虑，更体贴等。

Chapter 4　爱情中的状态调整　　107

第三节
因为小事闹分手，如何防止吵架升级

你有没有过因为小事跟自己的恋人吵架吵到分手的情况？

一个女生在刚谈恋爱的时候，吵架吵到删掉恋人的微信。不仅删掉微信，还删掉QQ、微博，包括每一个可能有联系的App，最后连支付宝好友都不放过。结果等冷静下来，又觉得分得莫名其妙。多大点事儿啊。最后又把这些账号一个个加回来。每闹腾一次，两个人就会受伤一次，后来经过很长时间的探索，才结束了这种荒唐的模式。

🔑 让吵架升级的四个幕后推手

心理学家约翰·戈特曼在长达40年的研究中，总结出了冲突升级、情感走向破裂的四个幕后推手："批评""鄙视""辩护""冷战"。接下来我们通过案例来看看这四个幕后推手是如何得逞的。

小 A 和小 B 本来打算在暑假出去玩一趟，但是放假后，小 A 忙着跟姐妹们逛街，小 B 忙着跟舍友打游戏，等两个人回过神来，暑假已经快结束了。

小 A 跟小 B 谈起这个事，小 A 说："你答应要跟我出去玩的，现在也没时间了。"小 B 作为一个男生，好像不是很在意，云淡风轻地说："没时间就没时间了呗，能怪谁。"小 A 略微有点生气："你总是这样，做事从来没有规划，我中间提醒了你两次！"注意，小 A 这时候已经在批评了，她在指责小 B 是一个没有规划的人。

听到小 A 的这句，小 B 反过来批评小 A："说得好像你是个会规划的人。"小 A 紧接着不甘示弱，"我怎么就看上你了，你看看我舍友的男朋友，干个啥人家提前十天就都想好了，瞅瞅你"注意，这时候出现鄙视了。小 A 在拿她舍友男朋友跟小 B 做对比，以此挖苦了小 B。

小 B 被激怒了，回击道："是我的错吗？好意思说我，那你怎么不计划着点，我没人家会规划，那你有人家温柔吗？每天跟母老虎似的。"注意，小 B 现在是辩护和鄙视并驾齐驱，一方面给自己脱罪，另一方面表达对女友的鄙视。

小 A 一下子眼泪出来了，摔门而去。谁都不愿意道歉，谁都认为是对方的错。之后的两天都不想搭理对方，聊天内容只停留在"嗯""好""行"这样的单字回复。很明显，冷战顺其自然地出现了。第三天，小A忍无可忍，发了一条消息："我觉得你不爱我，我们分手吧。"

在这个案例里，我们可以看到，从开始的批评、鄙视，到辩护轮番上场，到最后发展到冷战非常自然，两个人从关系不错到闹分手只用了两三天的工夫，可见这四个吵架的幕后推手是多么的可怕。我们再来单独分析一下这四个幕后推手。

首先，说到批评，你可能会困惑，哪对情侣之间还没个互相批评？难道两个人之间只能互相吹捧，不能有一点不满意吗？当然不是，任何情侣之间都会对彼此不满，但批评和普通的抱怨是不一样的。

比如，在上述案例里，小A最开始只是抱怨，"你答应要跟我出去玩的，现在也没时间了"，我们可以看到这样的表述仅仅是在描述事实，是对事不对人的，小B听到这个抱怨也没有生气；但之后小A说的就是批评，"你总是这样，做事从来没有规划"，这样的表达指向了人格品质，有点人身攻击的意味，就是批评。抱怨是可以被对方接受的，而批评会带来更加恶劣的影响。小A批评后，小B立马回击了。

再看鄙视。鄙视算是这四个推手里最伤害人的一个。骂人、翻白眼、讥笑、挖苦,包括不友善的幽默都属于鄙视。鄙视之所以伤害性最大,是因为它传达出来的是对对方的厌恶。小 A 的那句鄙视的话,"我怎么就看上你了,你看看我舍友的男朋友,人家总是提前就都想好了",相信如果是你听到自己的恋人这么说,一定会从对方的语气和神态里感受到深深的被厌恶感。鄙视严重损害了我们的自尊,吵架升级也就在所难免了。

辩护和冷战出现得相对较晚。辩护是一种责备对方的方式,当我们在自我辩护的时候,实际上在表达"这不是我的错,是你的错"。这种责任的推卸势必引起新一轮的批评和鄙视。

当前三个冲突的幕后推手准备就绪,你会发现,沟通是不可能的,逃避是最好的方式,冷战也就出现了。而冷战最致命的地方就是,你们对彼此的不满都在,愤怒压抑在心中,却堵塞了沟通和疏导的大门。

意识到这个非常重要。然而,对大多数人来说,光意识到这个好像远远不够,因为怎么想和怎么做是两回事。

好比我们女生天天喊着减肥,知道不能吃高热量的食物,知道要多运动,然而大多数到最后都是控制不住自己。吵架也一样,即使我们明白不能这样,不能那样,但到了吵架时,基本上会把这些抛诸脑后，你一言我一句，又陷入了冲突升级的恶性循环中。

为什么有很多情侣会因为小事闹到分手，然后又复合？原因就在于在吵架前、吵架时和吵架后，找不到一个暂停键，摆脱上面我们讲的批评—鄙视—辩护—冷战恶性循环。

所有的吵架都需要一个休止符，最后，分手就成了那个喊停的暂停键。看来，要想打破冲突升级的恶性循环，就需要找一个比分手更好的暂停键。

🗝 按下暂停键：目标分解技能

在亲密关系中，恋人的任何一个行为，或是一句话，背后都有至少一个目标。这个目标，可能我们作为当事人都是察觉不到的。那为什么会吵着吵着，两个人就开始互相攻击了呢？是因为我们在吵架的过程中，完全忘记了自己的目标是什么。

因此，停止这四个吵架升级的推手的关键是分解目标。从最开始的抱怨到批评、鄙视、辩护，再到冷战，不管吵架处在哪个阶段，只要觉察恋人的行为、言语背后的真实目标，都能迅速避免事情发酵。

一开始小A在抱怨没有按计划出去玩时，目标是希望两个人出去玩，而不是吵架。如果她在抱怨后立马意识到她的目标时，就不会去批评小 B 不擅长规划，而可能会说"我们现在计划一起出去还来得及吗？来不及的话要不换个时间吧"，那么事情就会是另一个样子：小 B 可能会觉得自己没有做好规划，然后积极响应小 A 的意见去主动规划时间和出行。

一开始怎么分解目标呢？可以先进行下列对照。在亲密关系中，你和恋人常见的目标类型有以自我为主的目标和以关系为主的目标。

在以自我为主的目标中，包括：

（1）积极的自我评价——希望在恋爱中能保持一种自信、自豪、自我价值感的目标，希望避免失败和愧疚。当你意识到"我刚说的话有点让他挫败了，他觉得自我感觉不好了"，你就不会继续去挑衅你的恋人。

（2）自我决定权——希望有行动和做决定的自由权利，避免被束缚、限制。这个目标在亲密关系中也很常见。在爱情里，男生的感触应该更深刻，因为女朋友管得太严、太多而吵架，当你想达到自我决定的目标时，却没有采取正确的方式去表达你的诉求。

（3）高级感——希望能够在地位、成功、输赢上跟别人比较时占据优势。所以一般情况下，你在说你的恋人没有明星帅，没有别人家的男友好时，百分之九十损害了他的高级感的目标。

（4）寻求资源——希望获得支持、帮助、建议，避免拒绝和反对。当你觉察到你的恋人是想实现资源寻求的目标时，你就不会再去鄙视 Ta，因为你知道，哪怕 Ta 再嘴硬，此刻也是弱者，需要你的帮助。

以关系为主的目标包括：

（1）归属感——建立和保持亲密感、友情、团结的目标，避免社会孤独和分离。

（2）社交责任——保持人际承诺，按计划做事的目标。在上述案例中，小 A 的初始目标就是这点。

（3）公平感——促进公平正义。

（4）资源提供——给别人提供建议、支持、帮助的目标。在爱情中，你也会希望能提供给恋人帮助，也会有这样的目标。但你需要理解别人的目标是什么，如果你的恋人目标恰好是寻求资源，那么你提供资源的目标也能实现。如果你的恋人目标是归属感，碰到困难时你只要抱抱 Ta，满足亲密就可以了。你非要给人家提建议，可能你们的目标是不匹配的，反而会引起吵架。

当你们陷入吵架的时候，不管是处在抱怨，还是批评、鄙视、辩护，甚至是冷战的任何一个阶段，你们都可以进行目标分解。一开始可以对照上述这些常见目标来思考，在吵架的过程中，你的目标是什么，对方的目标是什么。当你真正明白你和 Ta 的真实目标，相信你也可以在任何时候按下冲突的暂停键，聚焦于问题解决，让吵架成为你们的黏合剂。

第四节
挖掘细节信息，避免触碰红线

几年前，我对猫这种动物毫无了解。在给邻居家的猫喂鱼时，伸手去抚摸它，结果被咬了，它大概是本能地以为我要抢它的吃的。聪明的主人会知道自己家的猫不喜欢被摸哪里，知道什么时候不能强迫它做什么事。

人又何尝不是如此呢？每个人都有各自的习惯和特质，比如有的男生受不了女生哭，女生一哭他就想发火；但有的男生一看到女生哭就会心软。所以，你了解你的另一半的一些特质和习惯吗？

🔑 挖掘伴侣特有的细节

如果你是女生，每次经期到来前一周的时候，你有没有出现以下症状？

身体感到乏力，容易疲劳、困倦；精神紧张、容易烦躁、喜欢挑刺、易怒。有的人会没精打采,突然变得冷漠;在思维层面,特别容易消极,喜欢把事情往坏处想。由于经前会出现激素的变化,经前的这些反应对很多女生来说都不陌生,如果严重的话,还可能是经前综合征(PMS)。

有多少女生意识到自己在经前会出现情绪暴躁或者低落等不稳定的情况?又有多少男生了解,每个月的固定那几天,自己的女友会容易发火?

我的一个男性朋友,在慢慢发现女友每个月都要跟他莫名其妙地闹一次,而且发现这些吵架出现在女朋友经前的高发期,他顿时就释怀了,意识到这个规律帮了他很大的忙。从那以后,他们的争吵次数大幅下降,因为每到女友经期快来的时候,他都会多一点宽慰和忍耐。

很多吵架都是因为对对方的不了解而产生的。详细了解恋人,可以更好地处理应激事件和冲突。当你足够了解对方时,可以减少彼此不一致的地方,避免冲突的发生;而在解决冲突时,也能更好地把握对方的心理需要,更加设身处地地站在对方的角度思考问题;甚至可以根据对对方的了解,知道对方什么时候需要什么安慰和鼓励,给予对方更有效的支持。

阻碍我们真正了解对方的,主要有两个原因。

第一,人永远处在不断变化中。这一点很容易被忽略。曾经,你喜欢你的男朋友什么都不怕地往前冲,但在组建家庭以后你却希望自己的老公思虑更周全，行事更稳重。曾经喜欢的现在不喜欢了，曾经不看重的现在开始看重了，变化永远是被我们最常忽视的。

第二，人总是会陷入柴米油盐的理所当然中。两个人在一起久了，就容易把一切认为是理所当然的。每天时间在流逝，Ta为你做的饭变成了理所当然，过个情人节也变成了例行公事，有的连形式都省了。当初对方的每句话都会引起你的注意，而现在或许Ta每天的唠叨也都不能让你把视线从手机上移开。

⚘ Ta 的细节，你知道多少

现在，我们就来快速测试一下，看看你是否真的很了解你的伴侣，而且是此时此刻的伴侣。这个测试最好是拉上你的伴侣一起来做，现场让Ta反馈你回答得是否正确。

（1）如果你的伴侣中了500万元的彩票，Ta最想做的事情是什么？（人生理想）

（2）如果你的伴侣有一天只剩下了三个朋友，这三个朋友会是哪三个？（人际关系）

（3）如果你的伴侣可以让这个世界上的三种食物免费，你觉得Ta会选择哪三种食物？（个人喜好）

（4）假设你的伴侣获得的一种超能力，可以忘记当前生活

中的一件烦心事，你觉得 Ta 会选择哪一件事？（生活压力）

（5）如果你的伴侣看到了你的答案，并且觉得你回答得不准，Ta 会有什么反应？（行为模式）

（6）你的伴侣身上的哪个部位最怕痒？（私密信息）

（7）如果用这些问题问你的伴侣，你觉得 Ta 会答对几个？（互相了解）

这几个问题看起来好像比较无厘头，但是，其实分别涉及你对伴侣了解的七个方面：人生理想、人际关系、个人喜好、生活事件、行为模式，以及互相了解。

我们对一个人的了解，基本上就是这七个问题的延伸和拓展。通过对这七个方面的了解，我们的心中就会形成一幅爱情地图。你对一个人的了解越深，你们相处起来就越融洽，越不容易产生矛盾，也就越不容易吵架。

了解彼此细节的三个办法

首先，把回忆设置成过节的一个固定项目。从个人喜好、行为模式、人际关系、生活压力、人生理想、私密信息等六个方面，尤其是私密信息上进行回忆。可以设置一点浪漫的氛围，比如给彼此一个单独的空间，玩个小游戏，输了的人就要选一个话题进行回忆：在一起多少天了？第一次见面是什么时候？牵手、拥抱等场景，对方的糗事等。正是因为你们拥有这些私密信息，才能区别于其他的关系走到一起。

其次，不断拓展彼此共有的私密信息。开发新的娱乐项目、合作学习一个新的技能都可以成为拓展私密信息的方式。每个人都是具有创意的，只要你们不断拓展和思考，就能想到更多好玩有趣还能促进彼此理解的好方法。

最后，主动和伴侣分享你的变化。要改变等对方了解自己的思维方式。如果我们希望一个人了解自己，最好的方法是直接告诉他，而不是让他自己想办法。当我们能主动跟伴侣分享生活压力，表达自己的喜好，这种表达本身就能够增加亲密度。

Chapter 4　爱情中的状态调整

Chapter 5

爱情中的人际冲突

当大家都处在不信任的焦虑状态时，可能一丁点的小事都能掀起一场家庭里的腥风血雨。

第一节
让嫉妒心不再成为困扰

当你发现男朋友的前任发来节日祝福时会是什么反应？当你发现男朋友跟很熟的异性聊得开心的时候会是什么感觉？同理，你可以容忍你的女朋友有男闺蜜吗？当对方的前任主动要提供帮助或者寻求帮助的话，你会同意吗？

一位网友说："当看到 Ta 和异性朋友聊得很欢时，我感觉自己才是外人。"

另一位网友表示："我只要看到有关 Ta 前任的一点点信息，我都会抓狂。有一次在外面玩，知道 Ta 跟前任也来过后，我立马离开了那里。有时候觉得自己有点过，但我真的控制不住自己。"

为什么前任对我们来说，是扎心的存在？为什么和伴侣走得近的异性朋友会让我们萌生敌意？

其实这一切，都是嫉妒在作祟。

嫉妒的"三分之一定律"

来自美国FBI（1986）的一项数据显示，记录在案的谋杀案中有三分之一是情杀，案件涉及配偶、情人、情敌。可以说，嫉妒是导致悲剧的重要元凶之一。

还有一项研究调查（White & Mullen，1990）显示，在接受婚姻治疗的夫妻当中，同样有三分之一的婚姻问题源自嫉妒。

很多时候，我们陷入嫉妒而不自知，或者伴侣陷入嫉妒之后我们不自知，觉得莫名其妙。尤其是男性，对情绪的感知普遍不如女性细腻。一位男同事就曾跟我抱怨，跟女朋友逛街，她会莫名其妙地不开心。

我问他，你有没有在路上偷瞄什么不该瞄的，他说没有，他会直接跟女朋友表达"那位女生的身材不错"，他不认为这个会惹到她女朋友，因为女友一直都说自己很开明。然后，我让他回去跟女友直接聊这件事，如果当她的面夸赞马路上的美女，她会不会生气。结果她的女友说，不介意，但会感觉不舒服。

嫉妒是伴侣希望拥有你，却不确定能一直拥有你而产生的一种复杂痛苦的体验，包含伤害、愤怒和恐惧等情感（Buss，2000）。所以，**嫉妒是一种非常复杂的情绪，如果没有敏锐的**

觉察力，很多时候容易被它左右。 就像前面同事的例子那样，男方没有察觉自己的女友其实嫉妒了，而女方也没察觉到自己嫉妒了，只是觉得心里不舒服，想发火。嫉妒隐藏的信息是，伴侣希望拥有你，却感受到来自他人的威胁。

嫉妒一方面是丑陋、可怕的体验，甚至会引起恐怖和毁灭性的行为。多少情侣因为前任的问题分道扬镳；多少情侣因为日常的嫉妒陷入争吵的旋涡。而另一方面，嫉妒也是人类一种自然而然再正常不过的情绪体验。

那么，到底在什么情况下，嫉妒需要引起我们的注意呢？

嫉妒分为两类：反应性嫉妒和怀疑性嫉妒。

反应性嫉妒是指我们感觉亲密关系受到真实性威胁时产生的嫉妒心理（Bringle & Buunk，1991）。这种嫉妒是基于真实的情况的。比如，另一半还跟前任有联系，这件事让你产生的嫉妒就属于反应性嫉妒。

与反应性嫉妒不同，怀疑性嫉妒来源于我们的猜疑心，并不是真实的。例如我们觉得伴侣对自己不忠，虽然他没有什么所谓的红颜知己，却总控制不住自己，想翻他手机，查他踪迹。

这两种嫉妒模式对亲密关系的影响是有差别的，我们也要区别对待。

心理学研究者巴克（Barker，1987）通过研究发现，根植于我们内心的嫉妒情绪本身危害不大,能对亲密关系真正造成致命伤害的,是维持嫉妒一直存在的背后力量。

1. 长期向伴侣表现"不专一"的行为或者观念

这点主要是针对第一种嫉妒类型——反应性嫉妒。比如,总是有事没事跟前任有一些联系,让现任感到你随时可能被你的前任抢走。只要你跟前任的某些举动存在,现任因此产生的嫉妒情绪就一直存在,并逐渐蚕食你们之间的信任。这是行为上的。

观念上传递给另一半的不专一也会导致长时间的嫉妒。比如,有的男性认为拥有的女朋友越多,意味男性越有价值。当这样类似的观念传递给另一方时,就会让对方很不安,让 Ta 一直处于嫉妒的情绪状态下。

2. 过去的创伤或不信任

这点主要针对另一类嫉妒类型——怀疑性嫉妒。有的人在过去的恋情中遭受过背叛。这些过往的创伤会让我们对感情更敏感,也更容易产生嫉妒,从而引发一些不必要的猜疑和不信任。

嫉妒是正常的情绪,但如果嫉妒频繁出现,并且长期地存在于你们的关系中,就是一个需要格外注意的信号。

🗝 预防嫉妒

1. 明确边界

不管是在爱情还是婚姻中，没有人可以置身事外。幸福是两个人的事，痛苦也是两个人的事，所以我们首先要认同一个前提条件："亲密关系中的问题必须两个人共同做出改变。"明确分歧，划分界限，跟伴侣探讨清楚在各自的价值观里，跟异性相处的过程中能接受什么，不能接受什么。这个过程一定是越细致越好，越具体越好。比如，按照下面的方式详细表达你认为的边界：

"我能接受你跟所谓的蓝颜知己在团体中一起吃饭。"

"我能接受你碰到前任时可以有简单的问候，但不能聊很多也不能聊很久。"

"我不能接受你跟异性朋友在深夜聊天。"

"我不能接受你跟异性朋友寒暄频率超过每周一次。"

明确这些边界并试图达成共识，有利于让双方知道彼此的底线在哪里，从而减少冲突和嫉妒。

2. 字条传情

在生活中会有很多细节摩擦给予我们信号，对方的某个越界行为令我们不快，抓住这个信号，并传递给 Ta，可以减少很多不必要的冲突。例如通过字条来交换情感或意见，利用游戏的方式可以让这方面的沟通更加温情。

你可以在字条上写"听到你总夸奖别的异性，我很难过，还有点愤怒"，然后你的伴侣收到你的字条后可以回传，比如"我去夸奖别的异性其实没有其他意思，没想到会对你造成困扰"等。可以传递你们的情绪、情感，还可以传递你们对彼此的期望做法，比如"我也想听你多夸夸我"。通过这样的互动，可以明了双方的内心，不仅有助于沟通，还能加深理解，解除误会。

重塑信任

1. 荷兰奶牛疗法

在荷兰的牧场里，奶牛脖子上都挂着铃铛，走起路来就会叮当作响，这样它的主人会随时知道牛在哪里，而不需要设置栅栏。吉拉德（Gilad）在1990年发表的论文里，就提到了一种叫作"荷兰奶牛"的疗法来帮助受嫉妒困扰的情侣和夫妻。

在一个案例中，妻子发现自己的丈夫有两年的婚外情，虽然最终丈夫选择回归家庭，妻子也原谅了他，但是这件事一直成为困扰他们感情的心魔。他们选择去寻求婚姻治疗的帮助。治疗师就要求丈夫每隔一小时就给她打一个电话，由于当时的年代移动电话还没兴起，所以丈夫为了完成这个任务，每次打电话的时候都要询问妻子，下一个小时会在哪里，以便确定自己该往哪里打电话。就这样，持续了好几个礼拜，妻子的嫉妒情绪和不安感得到了很大的缓解。

这个疗法的巧妙之处就在于：一是增加沟通的频率和内容，尤其是犯了错的丈夫主动去询问妻子的情况，不经意间提升信任感和亲密感，修复受损的感情；二是很巧妙地让妻子了解了丈夫的行踪，至少通过每个小时的电话，妻子可以确认自己的丈夫没有跟其他异性在一起。

这个疗法给了我们很好的启发，第一，犯错方要主动地去询问伴侣的需求，无微不至地关心伴侣；第二，犯错方要主动并且高频率地向伴侣汇报情况，比如隔一会儿去跟伴侣说一说自己在做什么，或者主动上交手机表示愿意接受审查。只有这样，才能最大限度地弥补过去的伤害，缓解伴侣的嫉妒心和不安感。信任的破坏仅在一瞬间，但信任的重建却需要很久很久的努力。

2. 角色扮演

角色扮演就是嫉妒的一方扮演没有嫉妒情绪的一方，或者反过来，没有嫉妒的一方扮演嫉妒的一方。比如在前任这件事上，你不赞成和前任有联系的行为，而你的伴侣觉得没什么。这时候你们就可以尝试角色扮演的游戏增进理解。

设置一个类似情节，你可以假扮对方，表演的过程中假装和前任打电话聊天，然后让你的另一半扮演你真实的表现，比如表演愤怒或者隐忍或者可能的做法,来体验你的嫉妒情绪、探索更好的处理方式。研究发现(Wilner & Breit, 1983),通过这种扮演游戏,可以促进双方对各自的理解,毕竟我们在固执己见的时候总是不能设身处地替对方着想。

第二节
老婆老妈起冲突，该站谁的队

从恋爱到结婚，协调伴侣与双方父母的关系是摆在两个人面前的一道难题。很多恋爱和婚姻都败在了父母这一关。

小 A 的母亲对他带回家的女朋友不是很满意，虽然没有不同意他们在一起，但也的确在他面前抱怨了很多。见过双方父母以后，女朋友就问他："你爸妈感觉我怎么样。"他非常直白地说："我妈嫌弃你个子矮，感觉你的工作也不够稳定。"女朋友听了立刻不高兴了，直接回怼道："嫌弃咱们就拉倒吧，也不是非你不嫁。"

不光是婆媳关系，丈母娘和女婿之间也会有很多矛盾冲突，最后引发吵架。一个女同事生了孩子，她母亲负责照顾她，丈母娘就左看右看着女婿不顺眼，总是唠叨，"你看看你老公太懒了，眼睛里没活儿"；听了她母亲的话，她老公自然也不高兴，觉得丈母娘太矫情什么都要埋怨，关键是她夹在中间左右为难。

🔑 焦虑中的矛盾升级

为什么儿媳妇和婆婆、女婿和丈母娘总是有各种矛盾冲突呢？甚至不乏都已经订婚的情侣因为解决不好这些矛盾而闹崩。不信任感和不确定性带来的焦虑是让冲突升级的关键因素。

婆婆的焦虑是：我儿子会不会有了媳妇忘了娘？这媳妇会不会影响我跟儿子的关系啊？我儿子娶了媳妇是不是就不愿意回家来看我了？这儿媳妇做的饭也不好吃，他每天能吃得好吗？

丈母娘的焦虑是：我女儿嫁到他们家会不会受委屈啊？这女婿怎么一点儿也不知道体贴关心人？也不知道我闺女去了他们家会不会被欺负？

儿媳妇的焦虑是：我婆婆会不会干涉太多我的生活？她会不会不信任我，在老公面前说一堆坏话挑拨？她会不会跟我抢夺老公的陪伴时间？

当大家都处在不信任的焦虑状态时，可能一丁点的小事都能掀起一场家庭里的腥风血雨。

🔑 两种错误做法

第一种是逃避。尤其对男性来说，看到自己老婆和老妈发生冲突了，第一个本能的反应就是能逃多远就逃多远。逃避的结果就是任由事态恶化，最后老婆和老妈都来埋怨你为什么不站出来说话，然后你只会夹在中间两头受气。所以，逃避是一种可能会带来更多不良后果的不成熟的做法。

在一次线下交流会中，一位女性分享：她给孩子买了一个玩具收纳箱，但她婆婆觉得没有必要买，两个人就这个问题吵了起来，她老公一听大事不好，赶紧躲回了卧室，大气不敢出一个，后来还是她自己和婆婆调解了，对此她感觉很伤心。

我当时问这位女士，她希望当时她的老公能为她做什么？

她回答说："我不需要他做什么，我只希望当我跟婆婆吵完架回到卧室的时候，他能抱抱我就好了。"可见，逃避带来的伤害是巨大的，哪怕在争吵发生后，你能做一点点事情表示一下安慰都比一溜烟逃跑强得多。

第二种常见的错误做法是为了避免惩罚而成了墙头草。老婆来吐槽老妈的时候，就顺着老婆一起吐槽老妈；老妈来说儿媳妇的时候，就顺着老妈的词儿一起抹黑媳妇。看似好像两头都能当好人，但对家庭长远的和睦是非常不利的，最直接的影响就是让老婆和老妈更加讨厌对方，双方的误会也会加重。长远看，这种做法完全是饮鸩止渴，最终你会成为最大的受害者。

该站谁的队？

约翰·戈特曼多年的研究显示，更合理的方式应当是要坚定地站在伴侣一边：婆媳关系紧张的核心，是两个女人为了得到一个男人的爱而发动的地盘争夺战，唯一摆脱这种困境的方法，是丈夫要和妻子一起"反对"他的母亲，与妻子建立"我们"意识。

乍一看这句话感觉可能会有点不舒服，丈夫要跟妻子反对他的母亲。这么做的核心是：只有坚定地站在妻子这边，尊重妻子，才能使自己的母亲逐渐意识到，她的家庭和儿子的家庭是独立的，她的家庭里她说了算，在儿子的家庭里是儿媳说了算。

很多男性都无法意识到树立小家庭中妻子的权威性有多重要。尤其在中国文化背景下，原生家庭过多干涉子女家庭生活的案例不胜枚举，婆婆和儿媳争夺女主权力的情况就导致婆媳关系很难和睦。在婚姻最初，向父母展现自己作为一个独立人的状态，展现你跟另一半的"我们"意识，可以减少很多婚后的婆媳问题。

如何建立"我们"意识？

第一，合作而不是竞争。合作意味着共同决策，分享家庭中的权力。研究发现，当男人不愿意同他的配偶分享权力时，他婚姻破裂的可能性是81%，合作的含义不是沦为婚姻的屈膝者，放弃在家庭中的地位，而是共同商议解决问题。男性在家庭中绝对权威的存在使妻子完全没有话语权，更没有决策权，这在关系上营造的是一种竞争和对立，很难形成"我们"的意识。

第二，避免跟自己的母亲结成联盟。婆婆和儿媳妇在很多观念上、习惯上都有各自的想法，很多时候都无法调和。当你的母亲来跟你抱怨你媳妇切菜的方式不对，打扫家里的频率不够，做的饭咸了淡了，如果你总是跟自己的母亲站在一条线上批评妻子，就会跟你母亲形成"抗妻联盟"，非常不利于关系的和谐。所以，你需要明确的一点就是，你媳妇才是这个家的女主人，她有权利去按自己的习惯做事，如果你有意见也是你去找媳妇沟通，而不是跟自己妈妈一起反对她。放到丈母娘和女婿身上也是一样的道理。

第三，减少不确定性。这个不确定性包括对彼此了解的不确定，以及相处做事的不确定。婆媳冲突白热化的时期往往是遇到一些大事的时候，比如生了孩子的时候，坐月子的时候，等等。如果可以事先就做好沟通，这个不确定性就会减少，彼此的信任感就会增加。比如，你们在生孩子前就先把一些事情安排好，把你的一些看法沟通好，要不要请月嫂，坐月子的时候你希望婆婆负责哪一块的任务，小到喂养孩子的时候希望她怎么做，等等。

　　第四，不断跟过来人交流，提前积累经验。理论虽然重要，但现实却复杂得多，永远不能将某个理论全盘不加思考地运用，所以积累实操经验也很重要。梁宏达曾经就婆媳话题聊过他的经验："作为儿媳妇，你得把婆婆当老板，你在单位怎么糊弄老板的，就怎么哄老太太，她说什么都是对的，但是听不听就是你自己的事；那么婆婆呢，就得把儿媳当学生，有错得说，但是不能抬手就打，因为不是你亲生的。"看似经验之谈，却也蕴藏着生活的智慧。

第三节
总为了朋友牺牲我，如何平衡爱情和友情

国庆节参加婚礼，同行的一位朋友带着她的男友也去了。婚礼刚结束，我的这个朋友就来找我哭诉，说男友没询问她的意见，就买了第二天的车票，结果她还赶上生理期，身体非常劳累，希望多休息一天再走，但男友一点不考虑她的状况，就因为朋友的邀约，擅自决定第二天就走。她觉得男朋友为了朋友忽视她，感到非常生气，一边哭一边说："我觉着他压根不爱我。"

🗝 重视友情，是不爱你了吗？

她男朋友真的是不爱她了吗？这个需要抽丝剥茧慢慢分析，凡事都要遵循一定的依据。1967年，美国社会心理学家凯利提出三维归因理论，认为人们对某件事进行归因时，要从三个维度进行思考，分别是一致性、一贯性和特殊性。

一致性是要看，在同一件事情上，不同的人行为是不是一致的；

特殊性是要看，在这件事上，这个人是不是只针对你这样做；

一贯性是要看，在这件事上，不同的时间不同的情况下，这个人的反应是不是相同。

那么沿着这三条思路，我们就可以来分析一下在最开始的例子中，她的男友是真的不爱她了吗？

首先看一致性。当朋友邀约，换作其他男生会不会也着急赴约？事实上，大多数男生会着急赴约，也就是说这件事上一致性很高。

研究发现（Marshall, 2010），女性和男性在对待友谊上有比较大的区别，女性更乐于倾诉自己的内心情感，分享私密的话题，而男性更多的是一起活动，一起打个游戏，踢个球，并且女性与朋友之间的网络通话要远远多于男性。所以你不难发现，女性与闺蜜之间的联系是无处不在的，一丁点的小事都要分享一下，而男性却更多地去寻求肩并肩一起活动的机会。所以，在上述的例子中，很久不见的朋友来约饭，对大多数男性来说会希望去赴约。所以，一致性这点上，显然是更像共性问题，男生更偏向社会性动物，他们着急赴约是正常的社交需求，并不代表不爱你了。

再看特殊性。他是不是只有在你和他的朋友冲突时,先满足朋友要求,换句话说,如果是面对其他异性或者家人,他还会选择先满足朋友的要求吗?如果你发现,他只有在你和朋友之间做选择时,优先朋友,那么这个特殊性就很高了,这时候你可能需要去复盘你们之间的相处情况,找到问题的关键所在。

比如,他在某一位女性朋友和其他同性朋友之间选择冲突时,优先答应了女性朋友,那么你可能需要去想想你的另一半是不是在跟异性的相处上出现了问题;如果你发现,你的另一半会把他自己家人的需求放在朋友的前面,你可能需要去思考一下是不是在你们的家庭人际关系上出了问题。

最后看一贯性。你需要思考,是不是在任何情况下,当他的好朋友约着聚会时,他向来都是先满足朋友的需求,再去考虑你的需求?

如果你发现,一贯性很低,换句话说,只是这一次刚好是难得的机会见到朋友,所以才会忘记考虑你的感受,那么显然是情境原因导致的,而不是他不爱你。

那如果你发现,一贯性很高怎么办呢?也就是说,不管什么时候,在朋友和你之间,他总是先满足朋友的要求而忽略你的需求,是不是就意味着,他真的不爱你了?

友情和爱情,哪个更重要

不要慌,他这么做可能还真的不是因为不爱你了。为什么这么说呢?

心理学研究者为了考察人在成年以后的社交模式,进行了一项长达 34 年的研究,分析了这些实验参与者在 18 岁,30 岁,40 岁,50 岁的访谈记录,研究了他们在不同人际关系中的相处情况,包括跟熟人、好朋友、父母、子女、配偶、兄弟姐妹的联系频率、满意程度和亲密度等,结果发现,人们与熟人的联系在成年早期达到最高峰,也就是 20 来岁的时候,然后随着时间的推移,进入中年以后,人们跟熟人的交往明显缩减了,但是跟亲密关系的交往却在上升。等到老年的时候,人们把大多数精力花在与老伴儿和家人子女的相处上。

关于这种现象,心理学家卡斯滕森(Carstensen)提出了社会情绪选择理论,这个理论认为在人的一生当中,总逃不开社交活动,而人之所以需要社交,有三个动机:信息获取、自我概念的维持和发展,以及情绪情感诉求。人在不同的年龄阶段,这三个动机强度是有很大差别的。

对于青年时期,信息获取的动机是最强的,人们需要通过跟熟人、朋友的多方社交去了解最多的信息,来给自己带来更多潜在的发展机遇。比如,咱们参加各种聚会、婚礼,总能从老朋友、新朋友的口中了解到很多信息，你们学校的专业怎么样啊，读哪个导师的研究生更好啊，这些信息帮助我们更好地做学业决策；如果你工作了，你可能就会聊你们公司福利怎么样啊，哪个部门更有发展前景，等等，这些信息对我们来说也是很有利的。

排名第二位的动机是自我概念的维持和发展。青年时期我们总是在不断成长当中，对于新鲜的人和事充满了兴趣。当你在跟熟人、朋友相处时，总能看到他们身上的各种闪光点，而这些闪光点很多都没法在自己伴侣身上看到，毕竟两个人的相处随着对彼此的了解最后都会趋于平淡。所以，我们需要通过不断的社交，交朋友，去把别人的东西收纳到自己身上来得到进步。

青年期排在最后的是情感诉求。当人步入老年以后，日渐感到生命剩下的时间不多了，就会把精力放在最重要的人身上，更多地追求情感上的表达和安慰。而年轻人不一样，未来还有大把的时间，所以，情感诉求反而是动机最低的。

你的心中一定也有了答案。另一半总是把朋友的邀约放在你的前面，还真不是不爱你，而是作为正值壮年时期，对发展的渴求，希望获取更多的信息，希望让自我更丰富。所以，这种动机表现出来，就会让你觉得，朋友对 Ta 的吸引力好像比你对 Ta 的吸引力更强烈，你就难免会产生一种被冷落的感觉。

当你能理解这种动机的时候,你就能更坦然地面对 Ta 的这些表现。

🗝 降低被暂时忽略的伤害

尽管另一半的这种行为在一定程度上可以被理解,但造成的伤害也是存在的,尤其是过度把友情放第一位的情况下。当我们总是被忽略和冷落,对伴侣的信任感就会下降,那么到最后,跟朋友的关系就会反噬我们的亲密关系。这一点值得我们去提防,并想办法改进。

首先,优先朋友的前提是先重视伴侣的感受。在本节开头我朋友的那个案例当中,她的男友就没有做好这一点。主要令他女友生气的不是去赴约,而是男朋友压根没有重视她的感受。如果他可以说,"亲爱的,你看我跟我这朋友都那么些年没见面了,这次好不容易能约一次,他也就明天有时间,你这次就忍耐一下好不好",先体谅她的处境,再做提议,事情就会好很多。

其次,发展共同朋友圈。光重视伴侣还不够,如果你们没有共同的好友,那么你难免会觉得你和 Ta 的朋友总是处在对立面,由此引发争吵也在所难免。所以,一方面,要把另一半主动带到自己的圈子里,另一方面,要主动融入对方的朋友圈。让友情成为爱情的助力，而不是绊脚石。

最后，不要忘记自我成长。当另一半总能不经意发现你身上有很多新的宝藏时，你的魅力也会加倍，爱情更能保鲜。即使另一半很重视朋友，你也会更有安全感。

第四节
朋友总是劝分，如何处理他们的意见

遇到情感问题的时候，很多人都会跟自己的朋友求助，这是很好的调节方式，多元的社会支持有助于我们更好地调整自己，更快地从不良的状态中走出来。但是，朋友对我们生活过多的参与也会带来一些困扰。

不止一个人向我表达过她的困惑："我非常需要我的闺蜜，也非常在乎她的看法，每次跟男朋友吵完架，我也总跟她倾诉，每次她说觉得我男朋友不靠谱的时候，我就觉得她说的挺对的，然后就会跟男朋友吵架，很矛盾。"

除了被提建议的，提建议的人也有一肚子的怨言："她半夜三更跑到我家里，一边吐槽，一边哭得梨花带雨的，我就忍不住心疼她，劝她实在不开心就分手吧，结果没过两天人家扭头又跟男朋友亲如蜜了，搞得我好像成了坏人。"

朋友的影响

朋友对你爱情关系的影响是显而易见的，但还有很多时候，朋友对你爱情关系的影响是潜移默化的，你甚至都不曾觉察到，你对自己伴侣的怨言是受到了自己闺蜜或者兄弟的强化。

朋友对我们爱情的影响可能比想象中的要大得多。比如你的朋友给你介绍一个对象，说这个人哪里哪里好，当你见到这个人的时候，难免会带点光环去看他。另一方面，如果你的朋友不满意你的另一半，破坏力也是很大的。

研究发现，即使你一开始很喜欢你的另一半，你们关系很好，但如果你们各自的朋友不满意你的对象，7个月之后，你们更可能分手（Lehmiller & Agnew，2007）。所以，如果你们的朋友不赞成你们的关系，就要注意啦。

朋友的建议要听吗？

既然朋友对爱情关系的影响这么大，那到底要不要听他们的话，他们的建议值得采纳吗？

1. 朋友的建议是有一定道理的

现在思考几个问题，你觉得跟你现在的伴侣可以一直走下去吗？你的朋友和你的家人怎么看呢，也认为你们可以一直走下去吗？如果你们的观点不一致，你觉得谁预测得更准些？

当沉浸在美好的爱情中时，不管别人怎么看，我相信大多数人会觉得对方很好、很棒，并且坚定地认为你们可以走下去。然而，研究发现，在预测你的恋爱前景时，父母和室友做出的预测比你自己做出的预测更准确（MacDonald & Ross, 1999）。这是因为晕轮效应使你当局者迷。在爱情中，你更容易关注这段感情的优势之处，而忽略很多其他会产生消极影响的点。比如，男友的母亲要求他只能穿自己买的衣服，不能穿女朋友给买的衣服，如果你正陷入爱河中，你或许会不以为意，觉得这是小事而忽略这件事背后的重要信息。而你的朋友或者家人作为旁观者，就掌握了更多的信息，他们会认为，这样子迟早会出问题，因为他们关注到了这件小事背后的大隐患：这个男生和他母亲在生活上卷入过多，将来可能没法从原生家庭中独立出来。这种情况下，你可能就会对你们的关系预测过于乐观。

所以，朋友的话有一定道理，值得参考。

2. 不是所有朋友的话都有道理

比如，对男性来说，你的好友的态度可能就没有那么重要。由于社会文化的影响，男性在跟同性朋友相处的时候更多的是工具性的，一起吃吃喝喝，互相调侃，很少认真地谈论家长里短，男性更倾向于自己的事情自己消化，自己解决。所以在这种情况下，男性朋友掌握的关于你的爱情关系中的信息就非常少，给出的建议也会更偏离你的实际情况。

相反，研究表明，女方的女性朋友做出的预测更准确（Loving，2006）。女性往往跟她们的女性朋友透露更多感情中的细节，分享更多私密的信息，比男性获得更多的社会情感信息。这些都说明，女方的女性朋友很可能掌握着关于亲密关系的特别有用的信息。

看来，各位男性朋友非常有必要去收买一下女朋友的好闺蜜。你们吵架的时候，她可以少说点劝分的话，更重要的是，她可能掌握着很重要的信息，可以帮助你们改进关系，解决问题。所以，吵架的时候，女朋友不搭理你的时候，记得去找她的女性朋友请教一下，认真沟通，询问下原因，你会得到不错的建议。

然而，这还不够。就算朋友的话要听，女性朋友的建议更要重视，但有一点是一定要格外注意的，那就是最终主宰感情的一定是你们自己。就像前面那个案例，给出建议的那个朋友看着你哭得死去活来，难免会被你的情绪影响，她也会出现决策错误，因为每次你找她往往都是吐槽，她对你们关系的判断就会更消极。这就是为什么有那么多女性朋友总是会忍不住劝分的原因。因为她们接收的消息其实更消极。

客观对待朋友的建议

那么,到底该怎么做才能更客观地对待朋友的建议呢?

第一,每次吵完架后,先冷静下来,再去找好朋友倾诉。想哭就自己先哭完,想发怒就先把火气降下来,之后再找朋友倾诉,寻求建议。这样可以很大限度地避免你的好朋友被你表现出来的情绪干扰,放大你的痛苦,从而给出一些极端的建议。

第二,区分自己的观点和朋友的观点。研究发现,在与他人交流观点的过程中会发生某种程度的自我 – 他人合并效应(Aron, Melinat, Aron, Vallone, &Bator, 1997),也就是把别人的观点误认为是自己的观点。这就可能产生一些问题,如果你的朋友提出的建议是不合理的,也容易盲目受到影响。所以,当朋友提出一个观点,你需要先在心里明确地做一个判断,他说的这个是不是事实,是否客观,然后再决定是否要采纳。

第三,建立积极的社交网络。建立积极的社交网络意味着要逐渐加强朋友对伴侣的了解和接纳程度。你作为连接你的朋友和爱人之间关系的黏合剂,要充分发挥作用,这就需要你注意一些细节,比如不能只在朋友面前吐槽自己的伴侣,还得聊聊 Ta 的好处,不能只在吵架的时候去找朋友,适当的时候也要记得秀秀恩爱。

总之,你得想办法,让你的朋友把你和另一半当作一个整体,而不是独立的两个人。如果你能够很好地黏合朋友和爱人的关系,你会发现,当你的朋友谈及一些事情的时候,主语就不是你了,而是你们,比如会问"你们暑假有什么打算"而不是"你暑假打算干点啥"?

最后,加强你和伴侣之间的依赖程度。我们难免会遭受外部环境、人际关系的影响和朋友的影响,或者咱们前面讲到的父母的影响,不管外界是什么观点,核心还是你和另一半之间的事,提升亲密关系的定力非常重要。研究表明,朋友的看法会预测你对另一半的承诺水平,如果你的朋友不赞同你们的关系,你就更有可能不去考虑结婚这些长远的承诺。但如果你们两个人很依赖彼此,那么朋友的预测力就会下降,你们关系的定力就更强。总之,还是要注重提升你们两个人之间的关系满意度。

Chapter 6

爱情危机下的选择冲突

摆脱选择困难症的方法只有一个:转换选择思路,从选择一个最好的,转变为选择一个让我满意的。

第一节

好聚好散：如何处理分手危机

爱情中面临的最大冲突，莫过于"说分手"的那一刻。当爱情走向末路，是选择再坚持一下，还是选择果断放弃？面对这样的内心缠斗，该如何做决定才能让自己不留遗憾？当分手成为结局，又该如何走出离别的阴影？如果修复爱情是一种可能，你还会为 Ta 转身吗？

小 A 半夜 3 点给我发来消息，问我要不要跟她男友分手。一方面，她知道自己非常喜欢他，另一方面，在这段关系里她经常没有安全感，比如这次，她发现男友拿着手机一边打字一边傻笑，她跑过去问他在和谁聊天，他说和一个哥们儿，却立刻把手机关掉了。这些事情都让她感到很抓狂，分了觉得可惜，不分又感觉不合适。

在爱情里，像小 A 这样为要不要分手而纠结的情况太多了，比如以下这些困惑：

（1）Ta对我很好，但是我好像没有爱的感觉；

（2）Ta平时都挺不错的，相处也舒服，但异性缘太多，还要继续吗；

（3）Ta整体的人品、三观都挺正的，就是家里条件太差，要不要分手；

（4）感情太平淡了，还能继续吗；

（5）父母不同意，要坚持吗；

……

如果说，买股票看涨还是看跌是一种纯理性的经济决策行为，那么，对于眼下的感情是继续还是放手，就是理性与情感的博弈。要想做好是否分手的决定，既要兼顾理性的方法，又要考虑情感的需求。

用理性的方法做决定

1. 改变选择伴侣的思路：从最好到最满意

曾经有人向我诉说他的烦恼：

我女朋友长得不好看，虽然不算丑，但的确不漂亮，我感觉带出去很有压力。我一直想找特别漂亮的女生做女朋友，但却没有追到，后来刚好遇到我女朋友，人挺好的就在一起了，但是不知道为什么，从谈恋爱开始，我就感觉越看她越丑。我要分手吗？

另一位女性朋友也有类似的困扰：

我对我男朋友其实挺满意的，但总觉得我可以找到更好、更优秀的，虽然我男友总体上也不错，但因为我所处的环境里比他优秀的男生很多，一旦有人对我示好，我就会纠结，要不要分手重新找个更好的？

从以上这两个案例可以看出，案例中的主人公都陷入了一个思维误区——我要选择一个最好的做我的另一半。

对现在的 90 后、00 后而言，他们面临的选择实在太多了，网络对社交的拓展作用使他们在择偶上的选择翻倍。不像我们父母辈，大多数都是经人介绍，只要门当户对能看得上眼就结婚了。没有选择是一件悲惨的事，但选择太多也不见得没有烦恼。

从一个选项到三个选项，我们会感觉很爽，但从三个选项到三百个选项，我们会感觉很累。因为人总是会陷入一个思维困境：我再看看下一个，会不会更好，直到我遇到那个最佳选项。

这就是为什么有的人会面临选择困难症，比如在找男女朋友这件事上，很多人会吃着碗里的，看着锅里的。

摆脱选择困难症的方法只有一个：转换选择思路，从选择一个最好的，转变为选择一个让我满意的。

还记得前面第一个案例中那个嫌弃自己女友不够好看的男

士吗？对他来说，选择分手可能是对双方更负责的决定。因为一旦要继续这段感情，他的满意度就会越来越低，就像他自己陈述的那样：自从恋爱后，越看她越觉得丑。

这就面临一个很大的风险：当满意度越来越低时，两个人感情也会受到影响，很可能越来越差。我们在第一章就讲到过爱情诱惑，在这种情况下，一旦出现一个比她女友稍微好看一点的女生，这个男性就可能拈花惹草，做出一些伤害女方的事情。所以，对双方最负责的决定就是分手，然后这位男性重新找一个颜值足够让自己满意的女友，一方面提升了自己的幸福感，另一方面也不会耽误别人。

第二个案例却有所不同，案例中的女主人公对自己男朋友是比较满意的，但是陷入了一个不良的思维困境，就是想找个更好的。更好、更优秀的就一定更让自己满意吗？很显然，不一定。所以，对于这位女性，更明智的选择是多关注当前感情的积极面，而不是还盯着其他的潜在对象。

有朋友会疑惑，我也不知道自己满不满意。作为爱情局中人，我们被一些情感表象迷惑再正常不过了。判断这段感情、这个人到底是不是让你满意，最核心的一步是关注自己的内心需求。就像开篇的那个例子，喜欢对方却又感觉没有安全感。她的内心需求是男友可以跟自己坦诚相见，而不是对一些事情遮遮掩掩。假如通过沟通可以解决这个需求问题，那么继续这段感情会是更好的选择。

2. 跳出沉没成本

如果你买了一件很贵但却不合身的衣服,你会怎么办?你可能会继续穿它,因为你觉得花了那么多钱不穿太可惜;你即使不穿它,也不会扔掉它,而是把它挂在那里很长一段时间,挂到有一天你觉得这件衣服已经彻底失去价值了,才可能会把它扔掉或捐给公益组织。

这就是沉没成本(sunk cost)。因为过去的决定而投入的成本,却没办法由现在的决定改变,换句话说,沉没了就是沉没了,要不回来了。但很危险的是,由于人天生就厌恶损失,所以很容易受到沉没成本的影响做一些糊涂的选择。就像前面的例子,买了一件很贵但很丑的衣服,因为投入了很多钱,所以出门聚会还会穿,却不知不觉中破坏了个人形象。总体看,损失是增加的。

放到分手这个话题上也是一样的道理。不知道有多少恋爱中的人正处在纠结中:

Ta 出轨了,但是我们在一起都两年了,要不要原谅 Ta?

Ta 上次情绪上来,打了我,但是 Ta 道歉了,这么多年感情我不舍得放弃,万一 Ta 就真的只是失手呢?

在要不要分手这个问题上,只要你还在考虑你花在这个人身上的时间、精力以及金钱这些东西,就说明你现在处在不理性的状态下,很容易忽略真实的需求,做出错误的决定。

不管是什么问题引发的你要分手的念头,都要格外注意跳出沉没成本的陷阱,在害怕损失的这种情绪状态下,你只会越陷越深,离理性越来越远。

3. 跨期选择:短期利益要服从长远利益

跨期选择是一个经济学概念,是指人们衡量不同时间点做出决策后的成本和收益,即某件事在未来的某个时间点发生能达到效用最大化,如果这件事提前发生,就需要承担时机未到而带来的损失。最常见的跨期选择测试是:你愿意现在拿到 50 元奖励,还是愿意多等两天,拿到 100 元奖励。很显然,能多等两天的人可以获得利益最大化,心理学上这种现象对应的能力叫作延迟满足能力。

回到我们的分手话题,到底要不要分手,其实也是一个跨期选择的问题:你是愿意现在有个人陪但不幸福呢,还是愿意现在忍受一下寂寞,重新找一个能让你以后幸福的人呢?

看起来,这个问题很好选择,但在现实中却非常不容易,因为分手的痛苦对当下的人来说太强烈了,就算远处的幸福在向你招手,也抵不住现在手里毒苹果的诱惑。所以,破除幻想就非常重要。另外,现实情况中,短期利益和长期利益不容易分得清，这也增加了做决定的难度。

判断当前感情中的问题，会不会影响到长期的利益，有两个要领：

（1）判断当前这个问题能否得到解决。

（2）判断当前这个问题是否会长期影响你们之间的感情。

第一个判断要领是基于现实层面的意义，第二个判断要领是基于情感层面的意义。

我们试着用这两个要领来判断下面的案例中，主人公是否应该分手。

案例陈述："我和女朋友在一起半年了，慢慢地觉得我们变得没话聊，每当一聊起来，就是今天吃什么，在干吗，要不就是话不投机半句多；还有就是我觉得她很随便，一个男生当着我的面给她夹菜，然后他们还若无其事地继续吃，这样谁看了不难受？可她总是说很爱我，我到底该不该分手？"

这个案例里，主人公提出了关系中的两个问题，一个是没话聊，一个是女朋友跟异性相处很随便。我们对照上述两个要领来看看继续在一起有没有损害到长期利益。

第一个问题，没话聊。单纯没话聊这件事可能是因为感情出了问题不想说话，也可能是两个人兴趣爱好相差太多没话聊，还可能是因为长期异地缺乏沟通导致的没话聊，如果是感情出问题导致的，就要再仔细分析是什么问题，能不能解决；

如果是兴趣爱好导致的，则可以通过设法融入对方的生活或爱好，或者发展两个人共同的爱好，来增加聊天话题，那么这仍是一个可以解决的问题，另外也不会对两个人的感情产生长期的致命影响；同样，因为缺乏沟通导致没话聊，只要解决掉也不会影响长远利益，那么就可以考虑再努努力，别给双方留下遗憾。

主人公提到的第二个问题是跟异性相处的问题。这可能存在两种情况，是需要当事人自行判断的。一种是人品问题，对方就是渣，那这个问题基本难以解决，因为人品和性格都属于一个人成长过程中形成的行为习惯和倾向性，这些东西超过13岁以后是很难改变的。所以痴情的姑娘小伙子，如果遇到渣的人，千万别想着人家能因你改变，不是没有可能，而是风险太大，很容易影响到你的长期利益，而且底线性的问题大多数会给彼此心里留下一根刺，时不时出来捣乱一下，两个人的感情很难没有裂痕。这种情况下，选择分手是更明智的选择。

另一种情况是单纯的某一次不妥当的行为，在你跟她沟通后，如果对方也认为这个行为不合适，那说明你们三观是契合的，没必要把一次失误上升到人格层面。换句话说，这是可以解决的，并且对之后的感情影响不大，就可以选择不分手。

以此类推，其他的很多问题都可以根据这两个要领来判断，是否要继续或者是否要分手。比如，有很多恋人遭到了一方父母的反对，这种情况也没有标准答案，关键还是根据能不能解决，会不会长期影响两个人的感情去分析判断。

关于"感情里某个问题是否能解决"这个点，可以根据实际情况，适当给彼此一个时间期限。遭遇一方父母强烈反对，不知道该不该坚持，这个问题说白了对有些人来说可以解决，对有些人来说就无法解决，因为每个原生家庭的情况不同。

很多人在这个上面吃了爱情的大亏。有个女生和她男友相处了三年，要去见男方父母的时候却遭遇了对方家庭的强烈反对，这个男生还无法从他父母的控制中独立出来，一边无法说服父母，一边又舍不得这个女生，结果就在纠结中，两个人又谈了三年。最后，这个女生从 23 岁开始跟这个男生在一起，分手的时候已经快 30 了，足足被耽误了六年。

这个故事里，女生更明智的选择是给对方最多一年的期限，如果他无法处理好父母的态度，就应该分手，而不是把自己的青春白白浪费在纠结和痛苦中。

🗝 考虑情感的需求

前面我们讲了怎么做决定才更符合理性决策的方式，做出对自己更有利、更明智的选择。但另一方面，人并不是没有感情的计算公式，很大程度上，我们是感性的动物，所以在决定要不要分手时，还需要充分考虑情感上的需求。

最经典的故事莫过于《泰坦尼克号》，如果理性决策的话，露丝（Rose）也不会选择跟杰克（Jack）在一起，沉船后，杰克（Jack）也不会牺牲自己的生命保全露丝（Rose）。这就是感性的力量。

回到分手这个话题，考虑分手时，人们常纠结的一个问题就是：Ta 到底爱不爱我？我们在很多情况下搞不清对方爱不爱我们，甚至我们连自己到底爱不爱 Ta 都搞不清楚。

关于爱和喜欢，心理学家有非常多的讨论。有的心理学家认为，喜欢和爱本质是一样的，只是程度不同，爱是喜欢的加强版；但有的心理学家认为，喜欢和爱的本质就是完全不同的，一个人可以爱另一个人但却不喜欢 Ta，同样，一个人也可以喜欢另一个人，却不爱 Ta。

对爱的理解和定义也有所不同，心理学家马斯洛（Maslow, 1954）认为爱源于一个人对安全和价值的需要，他们认为爱是由于一个人的某种缺失的感觉或情感需求而产生的。而另一位心理学家弗洛姆（Flom, 1956）则认为爱是由关心、责任、尊重和对他人的了解而产生的。

对于爱，可以说是见仁见智。但在这些理论中，得到最多科学验证的还是罗伯特·斯腾伯格的爱情三角论。他认为不管哪种类型的爱情，都由三个成分组合而成（Sternberg, 1987, 2006）。爱情的第一个成分是亲密（intimacy），包括热情、理解、沟通、支持和分享等。第二个成分是激情（passion），其主要特征为性的唤醒和欲望。激情常以性渴望的形式出现，但任何能使伴侣感到满足的强烈情感需要都可以归入此类。爱情的第三个成分是承诺（commitment），指投身于爱情和努力维护爱情的决心。承诺在本质上主要是认知性的，而亲密是情感性的，激情则是一种动机或者驱力。

1. 我们到底爱不爱对方？

根据斯滕伯格的爱情三角论，判断有没有爱其实很简单，如果亲密、激情和承诺三者都缺失，那么爱情就不存在，也就是无爱。

比如，我在贴吧里看到这样一个帖子：

和男朋友在一起将近三年了，大三、大四都异地，相处得都很好，工作半年后在一个城市了，发现他并不如想象的好，我不如想象中的爱他，他也没有我想象的爱我。我家父母也不是很满意他。我有点想分手了，原因主要包括：

（1）不喜欢他，难以忍受他的笨，难以忍受他的不创新、不敢闯的精神。

（2）跟他在一起看不到未来。觉得他没有本事，跟着他不知道什么时候才能买得起房，经济压力太大。

（3）不喜欢跟他接吻、做爱。

（4）没有共同兴趣，不能互相理解。

我们仔细看这篇帖子，稍加分析就可以得出：这位女生并不爱这个男生。

第一点和第二点其实是爱情中的承诺成分，由于她嫌弃她的男友笨，不敢闯，以及看不到未来，其实已经没有了跟对方打拼未来、结婚的想法，或者说承诺水平很低；

第三点，是激情元素，她不愿意肢体接触，说明激情基本上消耗殆尽；

第四点，没有共同兴趣，不能互相理解，也就是对应爱情中的亲密元素。

既没有激情，又没有亲密感和互相依恋的感觉，承诺水平又很低，加上父母的反对，所以，可能不是贴吧主发的没那么爱他，而是压根不爱他。

所以，判断爱不爱，其实很简单，这三个成分要是在你们之间都没有，那基本上就是不爱了，分手是更好的选择。

2. 我想要哪种爱

激情、亲密、承诺，这三个成分不同的组合，就构成了多种类型的爱。你现在拥有的是哪种类型的爱，你期待的是哪种？当前的爱和期望的爱之间有多大的差距，能不能通过跟 Ta 的努力实现期望的爱，就是决定要不要分手的关键情感要素。

（1）只有亲密感：如果你们之间亲密感很足，但没什么激情，也没承诺时，这就属于友谊之爱，也就是你们是爱对方的，但更像朋友之间的感情。

（2）只有激情：缺乏亲密或承诺，但有着强烈的激情，就属于迷恋之爱。大多数一夜情都属于这种爱。

（3）只有承诺：这种爱常见于没有了激情的爱情关系中，亲密感还很低，说白了就是只在一起过日子，这种属于空虚之爱。

（4）亲密+激情：这种爱里唯独没有承诺。这种爱在短时间里可以带来强烈的愉悦感，但时间一长就容易破灭。很多影视剧中被包养的小三和已婚男人，就常常属于这种爱情。

（5）亲密+承诺：这种爱里唯独没有了激情。大多数幸福长久的婚姻中，夫妻之间就是这种爱，两个人非常亲密，互相陪伴，遵守誓言，但激情随着年龄和时间变得很少。

（6）激情+承诺：这种爱情更多地体现为闪婚闪恋。因一时的激情导致想结婚或者建立关系，这种爱很可能随着彼此的了解而出现问题。

（7）激情+承诺+亲密：三种成分都具备，堪称完美的爱情。但这种爱情太难能可贵了，可能更多地存在于两个人感情最好的某一段时间。

可以看到，每一种类型的爱都有一定的问题，当我们在纠结要不要分手时，就要问问自己，期待的爱是哪种类型，能否通过努力达到。比如，假设你和 Ta 是第六种，闪恋型的，在纠结要不要分手时，你考虑到自己期待的是三个要素都具备的完美爱情，就可以尝试一些方法看能否增进对彼此的情感依恋，如果可以最好，如果实在不行，那选择分手可能对彼此更好。

减少分手带来的伤害

在分手的过程中，两个人中至少有一人会感觉到强烈的被伤害的感觉。不管是主动还是被动，分手本来就是一件令人受伤的事，所以减少分手带来的伤害就尤为重要。

1. 少二次伤害为原则

（1）避免人格贬低。以前碰到过这样的案例，情侣分手，一方要求把在一起时送给对方的所有礼物都物归原主，如果不是涉及情感诈骗，这种做法会让双方感受到人格的贬低，因为这样的行为传达了一种讯息：我们过去的付出完全是出于价值交换，完全没有真情实感，过去的感情都是假的。

（2）表述分手的原因时，减少自尊伤害。有一种分手原因，叫作"我配不上你"，当你听到这样的理由时，很难不愤怒，因为这句话的背后含义是"我很差，但你却跟我在一起了，是你瞎了眼选了我"，这无疑是对我们自尊的一种攻击。

所以，在分手过程中，如果你自以为是选了这样的理由，则不敢保证对方是不是会被激怒。

（3）避免冷暴力。相信你一定遇到过类似的分手宣言："我想分手，但说不出口，这对Ta来说伤害太大了，所以，我干脆不理Ta，玩消失，等着Ta来主动跟我分手。"不得不说，这波操作真的让人抓狂。

没有哪一种分手是没有伤害的，如果借着这种名义，浪费别人的感情和时间，还要施加冷暴力，这么做只会加剧对另一方的伤害，而且还可能会导致一些分手后遗症。比如，我的一位朋友就曾非常崩溃，一直克制不住伤心和愤怒，重复问着我同一个问题，"我到底哪里做错了，她要跟我分手"，这个疑问反复困扰着他，以致他跟前任纠缠不清，其实他要的只是一个明确的答案罢了。

2. 好好沟通

（1）公开谈论。心理学研究发现，公开谈论是解决个人冲突的最有效的策略，这使个人更多地参与到他们的关系中，防止冲突升级（Canary, Cupach, & Messman, 1995）。公开谈论是指两个人以直接的方式，谈论在感情中的得与失、各自的感受以及各自的失误和遗憾。

很多人在分手后还依然很纠结，为什么对方要跟我分手？分手就要分个明明白白，否则很容易让另一方陷入泥潭里，而公开谈论相关的问题,可以让两个人更快地冷静下来,理智并且成熟地看待分手这件事,从而防止情绪化,减轻分手的痛苦。

(2)承认经营失败的同时,也承认过去的美好。因综艺节目《脱口秀大会》走红的夫妻档程璐和思文,在离婚后的节目采访中,思文给程璐写过一段话:

"程璐,见字如面,现在这个时候吧,我就希望你比赛加油,毕竟你是我见过最好笑的男人,我们第一次聊梦想的时候,你就说你想当脱口秀明星,我觉得你可以的,实在混不下去的话,我还是可以借钱给你,总之有我在,你的前妻思文。"

短短几句话,我们可以感受到他们在一起时的美好时光,哪怕曾经的亲密不再,但美好的记忆永驻。

在分手过程中,除了承认当下感情的失败,也不要忘记曾经的美好,因为哪怕是过去的爱,也一样孕育着幸福的力量。

第二节
自我调节：如何走出分手阴影

"我跟他已经分手一周了，可我感觉像昨天刚吵完架似的，最近的每一天都很消极，我的朋友很关心我，但没有谁可以无时无刻地顾及我的情绪，我想早点走出来，可我每天都笑不出来，无时无刻不想哭，一直在看他的动态，还在寻找他也在看我的证据，我的朋友劝我删了他，逼自己一把，可我还是下不了手……好痛苦。"

这是一位女生失恋后的独白，她描绘的这种状态击中了很大一部分失恋者，失恋后很多人都会有下面这些心理表现：

（1）感觉到不真实，简直不敢相信分手的事实：昨天还是男女朋友，怎么今天就成了最熟悉的陌生人。

（2）感觉没有安全感，渴望被安抚。"我被 Ta 抛弃了""Ta 之前说爱我都是假的""以后还会有人喜欢我吗""我是不是有什么问题，为什么感情总是失败"……

（3）情绪低落甚至抑郁。

（4）在情感上跟前任难以割舍。习惯性地关注对方，渴望联系和向对方倾诉，甚至复合。

为什么分手后还总是藕断丝连？

曾经有一位来访者跟我表达过他的爱情观："我理想的爱情状态一定是可控的，我要足够了解对方，从而确保 Ta 足够爱我，并且我要保证自己拿得起放得下，不能陷进去。"

这位来访者有非常强烈的全能感，希望自己在感情里无所不能，甚至可以操纵恋人。而事实上，这显然是不可能的，于是，当他遇到一个自己特别喜欢的人，却无法猜出来对方的心思时，他方寸大乱，焦虑到快要崩溃了。

人是有情感的生物，虽然每个人都曾期望可以控制情感，却从来没有人做到过。我们无论怎么努力，都没办法拥有一个感情的开关，让它在我们想关闭的时候，就立刻关闭。

1. 对彼此的投资越多，越难割舍

对于结束恋情，有研究者提出过一个投资模型（Rusbult，1980）。这个模型是说，两个人在确立了一段关系后，会逐渐形成一个共同体，然后双方都会在这段感情里投入各种各样的资源，而投入的资源越多，越难分手。比如情感投资，可能在

正式恋爱前就开始了。你们花时间了解对方的家庭、成长经历、内心所想；然后你们还会走进对方的朋友圈，发展出共同的好友。

曾经有位朋友就特别难过地说："我仿佛怎么也没法踏出他的生活，因为他的好朋友现在也都是我的好朋友。"对她来说，要想彻彻底底忘掉对方，可能还意味着同时失去很多友谊。

除了情感投资，还有经济投资。如果你跟 Ta 已经同居了，那么就意味着你跟 Ta 在经济上的勾连会更多，房租、水电费、其他生活费用，这就意味着分手后的断联更为困难。有研究还显示，已经有过结婚计划的恋人分手后的心理健康水平和幸福感会急剧下降。

总体而言，你们曾经的"命运共同体"缔结得越深，分手后面临的挫折越多、分手的阻碍也会越多。

2. 情感分化水平越低，分手后越痛苦

曾经有一位女生痛苦地说："我跟他在一起很不快乐，我感觉自己出不来气了，但是我又好像离不开他，如果跟他分手了，我感觉全世界都坍塌了，我不知道未来要怎么一个人走下去。"

像这样的恋爱状态是纠缠的，充满虐与被虐的，这就意味着他们的爱情建立在非常不独立的基础上，也就是他们在情感

上的分化水平很低。这样的两个人就好像是纠缠的两条藤蔓,长在对方身上,无论如何都没法剥离开。

情感分化水平低的具体表现包括:

(1) 一味取悦对方,完全把对方的需求和期待放在第一位。

(2) 在感情中没有自己的立场,对于什么是对自己重要的、什么愿意做、什么不愿意做、什么可以商量、什么不可以商量等大小问题没有自己的立场和看法。

(3) 跟对方的生活没有界限,比如只规划两个人的发展,却不思考个人的发展。

健康的爱情有一个重要的前提是足够独立、足够分化。我是我,你是你,我们彼此独立,却又是一个整体,互相支撑而不是互相供养。

当不够独立、不够分化时,恋爱的过程里,我们就可能把对方过度纳入自己的自我概念里,一旦分手就会遭遇更多对未来的迷茫感、无意义感,以及对自我的否定等,只要想想分手后的这些痛苦和恐惧,就足以让你心生退意或燃起复合的想法。

🔑 如何缓解分手后的痛苦情绪

一位知友私信我:"老师,我真的好痛苦,我跟男友分手一周了,每天都有千万次的念头想质问他,是什么时候开始不喜欢我了，什么时候打算不要我了？"

每当收到这些类似的私信，我都会感到很心疼，没有人会喜欢被抛弃的感觉，也没有人在遭遇情感挫折之后可以免除痛苦，所以很多局外人会云淡风轻地说，分手后有负面情绪不是很正常的事吗？

的确如此，但关键在于，假如没有很好地妥善处理分手后的痛苦情绪，很可能引起严重的后果，包括失眠、免疫功能下降、心碎综合征、抑郁和自杀（Skopp, Zhang, Smolenski, & Reger, 2016）。

每隔一段时间都会出现一些令人心痛的新闻：因为情感纠葛引起的自杀事件、伤人甚至杀人事件。

曾有新闻报道，一男子因为女友悔婚、退彩礼跟他分手，愤怒之下当街暴打女友，以致其抢救无效死亡；类似的事件时有发生，某男子发现自己女友跟其他男生暧昧不清，无法承受这样的现实而以烧炭自杀的方式结束了一切。

怎样才能避免类似惨剧发生，更好地应对分手后的痛苦情绪呢？

1. 重新认识分手这件事

当你深陷分手后的痛苦时，你可曾想过：也许，这次分手让你得到了解脱。

大部分人在分手后会沉浸在上述我们讲的不良反应当中，但还有一部分人，他们更能用积极的视角来看待分手这件事，而心理学研究也证明：分手在一定程度上反而可以起到缓解压力的作用。

压力事件 – 压力缓解模型认为，关系解体（压力事件）实际上可以减轻试图维持不再适合的角色的压力，研究还发现，主动分手的伴侣比不主动分手的伴侣痛苦更少（Sprecher，Felmlee，Metts，Fehr & Vanni，1998）。

换句话说，分手这件事会给我们带来好的一面。不管是你提分手，还是对方提分手，都意味着重要的一点：你们的关系大概率早就出了问题，如果你或者 Ta 在这段关系里感觉不到快乐，那你们就很难体会到爱情中特有的情感，也很难体会到亲密无间的幸福感。当你们无法扮演感情中的角色时，关系就会紧张，而分手则会帮助你从这样的关系里解脱出来。

我的一个好朋友在分手后一度也很痛苦，但她在稍微冷静一点后，跟我打电话说："结束这段感情让我很难过，但是最近几天冷静下来，我越来越觉得很庆幸跟他分了手，我们根本就不合适，家庭不合适、性格也很难合得来，想想，如果没有分手，糊里糊涂步入婚姻，那才是万劫不复的深渊呢。"

当你可以重新认识分手这件事，看到它的好处，你就可以更有信心走出分手的阴霾，迎接新的美好感情。

2. 想尽一切办法做到断联

研究发现，跟前任持续的接触可能会加剧分手后的矛盾心理，同时，这种时断时续的状态不仅不利于你们之间的关系，还会降低你的生活满意度（Dailey，2009）。

当你处在分手却还反复联系的状态时，很多情况下会有诸如此类的想法：

"Ta 愿意跟我保持联系，是不是我们的感情还有希望？"

"分手时我那么恨 Ta，现在却又在跟 Ta 聊天，我到底在干吗？"

"我一直跟自己说跟 Ta 联系只是当普通朋友，但是又好像没办法不胡思乱想。"

……

分手后还保持联系，对走出分手阴影来说无疑是一个巨大的阻碍。只要还保持联系，你就会一直陷在负面思考的旋涡里，不能跳出这段感情客观地分析，也更无法获得真正的成长。此外，如果分手时，你属于被分手的一方，分手后还保持联系，只能加剧你的自我否定，降低你的自尊心，让你自己陷入矛盾中：这样我感觉很羞耻。

所以，想尽办法断联是尽快走出分手痛苦的必要条件。一开始立刻断联会遇到很多困难，毕竟手机那头那个人一直以来是你的倾诉对象和情感共享者，所以我们要尝试采用一些方法：

（1）循序渐进，逐级减少。

给自己定一个大概的目标，逐渐控制联系的频率，可以从最开始的一天一次，到三天一次，再到一周一次，最后到一个月一次，然后断联。这样的策略是为了避免类似"戒断反应"，如果刚分手那几天没忍住联系，你会发现越往后越难坚持下去，因为想联系的欲望会越来越强。所以，慢慢来是一个不错的方式。另一方面，刚分手的那些天，我们会想很多，有的人还有很多关于分手的困惑，这些困惑也会促使你想联系，所以开始的那些日子可以允许自己联系对方，把还没解释的东西解释清楚，把强烈的没有表达的情绪表达完，是更合理的。

（2）利用分心策略。

做一些可以让自己更容易专注的事情，比如玩电子游戏，或者看电影，让你不用一直沉浸在分手的痛苦里，同时帮助你暂时忘记对方，减少联系 Ta 的频率。分心的策略可以跟第一个"循序渐进"的方法一起结合使用，会有比较好的效果。

（3）"暴露疗法"。

就是把自己直接暴露到断联的痛苦中，最简单的方法就是删除所有的联系。这个方法有两个特别需要注意的地方：

第一个值得注意的是要足够彻底，相信很多人都尝试过这种方法但都失败了，有一个原因就是不够彻底，比如只删除了微信，或者在删除联系的过程中发现 QQ 不常用，有点舍不得删。如果不够彻底，那注定会断联失败，因为这种不彻底和留余地，会更加倍地刺激你想联系的欲望。

第二个值得注意的是要有陪伴。如果在你分手的最开始那段时间，没有朋友陪伴你，尽量不要轻易使用这个方法。假如你一个人住在一个地方，又突然地把对方所有联系方式删掉，这种突然的不适应会加剧一个人的孤独感，反而会让你更加想要把对方加回来。

在断联的过程中，第一个方法和第二个结合使用，在满足条件的情况下，也可以使用第三个方法和第二个结合来完成断联。

3. 负面评价前任和这段恋爱关系

很多人都非常苦恼："我虽然跟 Ta 没法过下去了，但是我们有感情呀，好几年的感情不可能说没就立刻没了，然后就会一直痛苦。"朝夕相处的感情蕴含了曾经的美好，但当关系破裂后，这些残存的感情却会变成阻碍我们走出分手阴影的最大障碍。

当你感觉到，"我们分手了，但我还爱着 Ta"时，就要采用认知策略来改变对前任的爱情强度。其中就包括：

（1）对前任的负面重新评价。

研究者招募了一群备受分手困扰的参与者，实验中要求他们对自己的前任进行负面的评价，紧接着让他们看前任的照片，在这个过程中记录他们的脑电图。最后的结果显示，对前任进行负面重新评价让实验参与者降低了对前任的恋爱感觉，同时也降低了对前任的优势方面的关注，也就是说，他们对前任的迷恋也减少了（Langeslag & Van Strien, 2016）。

看来，分手后去找好朋友一起吐槽自己的前任也不失为一种好方法。

（2）对恋爱关系的负面重新评价。

对恋爱关系进行负面重新评价，本质上是对情境的负面重新评价，这同样是一种有效的恋爱调节策略。在对这段关系进行评价时，可以从下面几个方面去思考：

在这段感情里，我受过哪些委屈，感受过哪些强烈的负性情绪，受到过哪些伤害？

哪些迹象表明，我们根本没法携手共度未来？

我跟 Ta 在哪些方面是非常不匹配的？

如果没有分手，会发生哪些不愉快的事情？最坏的可能是什么？

通过对这段关系的负面评价，你可以更理性地看待分手这件事，从而尽早走出分手的阴霾。

4. 做好分手的复盘与成长

在处理好上述的一些步骤以后,就到了复盘和自我成长的环节。

(1)要想真正从上一段失败的恋情中站起来,就需要树立重新站起来的勇气。

心理学家班杜拉曾经提到一个概念,叫作应对压力的自我效能感,简单来说,这种自我效能感是指我们持有的一种信念,一种认为自己可以承受并度过当时压力的信念。而研究也发现,应对压力的自我效能感越高,个体承受的痛苦越少,生理唤醒也越低。也就是,如果你拥有这种信念,就能承受更少的分手痛苦。

当你感觉自己撑不下去,压力太大压得你喘不上气的时候,你需要做一件事:想尽办法重新树立信念,此时的我们需要一些振奋人心的东西。你可以找到你的朋友,尤其是积极乐观的朋友,或者是曾经从失恋里走出来的朋友,他们会坚定地告诉你:"你可以走出来,你可以重新恢复元气。"

(2)从这段感情里觉察自己。

在一段有毒的感情里待得久了,我们甚至忘记了自己。分手意味着给了自己一个重新认识自己的机会,这是一个非常宝贵的机会。当我们在复盘的时候,感情是很充沛的,你会感觉脑子好像很乱,每天都会冒出很多奇奇怪怪的想法,有对自己的看法，也有对前任的看法，以及对这段关系的思考，不要困惑，这是非常好的觉察自己的方式。所以比较重要的一个工作是，记录下来。

尝试把你的思考、感受通通记录下来。记录的过程就是宣泄感性的过程，记录完了，你的情绪张力也会释放出来，这时我们的理性才能更好地发挥作用。然后再回头去看你刚才记录的东西，一点点去分析，你记录了什么，记录的这一点对你来说意味着什么，你为什么会有这样的想法……

通过反复的自我表达和自我问询，你会更加清晰在这段感情里最大的问题是什么，你需要成长的地方是什么，未来你将怎样面对新的感情，这些困惑都将在自我理解的过程中找到答案。

第三节
理性判断：要不要与 Ta 复合

在网上你可以看到很多关于复合和挽回的攻略、套路，什么先断联再破冰，还有人说要把矛盾合理化，还有各路情感解答提出的三阶段、四阶段理论。对于市面上这些攻略我不予评价，但在这里，我想讲一些不一样的东西。

分手后难免会因为种种原因对曾经的感情难以割舍，一方面，沉没成本会像魔咒一样，不停地提醒你：都相处这么久了，分了太可惜了；另一方面，情感上的相互依赖，让你会产生一种分了以后我该多孤独，多凄惨的感觉。这两方面的难以割舍就很容易让分手这件事拖泥带水，同时，催生出一系列分分合合的故事，以及激发出特别多的复合需求。研究发现，高达 40% 的大学生曾经有过一段时断时续的恋爱关系（Dailey, Pfiester, Jin, Beck, & Clark, 2009）。

但是，复合真的有那么美好吗？

现实并非如此。当你打开关于复合或挽回的问题或帖子，你会发现这里充满了各种各样的负面感受，比如一位网友就这样表达自己的失望：

"当你复合后，很快就会发现，跟自己想的完美状态完全不同，Ta还是那个Ta，没有成熟，事情也没有像Ta保证的那样发展，日子还是一如既往地令人不满、厌烦，最终你会明白，你一直放不下的不是你们的感情，而是逝去的青春和那个当初义无反顾的自己。"

另一位网友表示：

"熟悉的配方，熟悉的味道。"

🔑 为什么总是陷入分分合合的陷阱？

1 幻想带来的催化作用

分手后的一段时间里会短暂地、爆发地出现爱情刚开始时的情况——幻想。过去的美好逐渐冲破痛苦的牢笼浮现出来，一起游玩的时刻，互送礼物的时刻，拥抱的时刻，给予彼此安慰的时刻……让人不禁幻想：

如果没有分手，曾经的美好是不是就能重新回来了？

如果重新在一起了，他是不是就更懂得珍惜我了？

分手后再复合会不会让我们彼此更能理解对方？

……

诸如此类的幻想，会在分手后的短时间内像洪水一样攻占大脑，甚至还会让我们产生类似浪漫爱情的错觉，一旦出现一方挽回的情况，就很容易冒着再次分手的风险选择复合。

2 心理抗拒带来的逆反

另一个促使分手再复合的因素是心理抗拒。心理抗拒理论认为，当人们失去行动或者选择的自由时，会奋力争取重获自由（Brehm & Brehm，1981）。这个有点类似于罗密欧与朱丽叶效应，越是被反对在一起，越要誓死在一起。

曾经有一位朋友分手后，跑到我这里哭诉，闹着问我怎样才能复合。

我问他："闹成这样，你为什么非要复合呢？"

他两眼无神地说："我不甘心，不甘心就这么分手了，尤其是这样子分手，我好像完全失去了任何选择的权利……"

我的这位朋友就掉入了"心理抗拒"的陷阱，他内心并没有真的多可惜这段感情，只是被分手这件事激起了他的某种"竞争意识"，为什么对方直接给了他一个最终通牒，他就要很听命地去顺从呢？正是被激发的这种竞争意识，复合才成了他的一种执念。

除此之外，研究还发现，心理抗拒会增加两性间的吸引力。因此，当你要失去对方时，伴随着心理抗拒的产生，对方的魅力仿佛提升了，你甚至会感到慌乱：Ta 好像也有很多难能可贵的东西，就这样放弃了将来会不会后悔？心理抗拒带来的吸引力错觉会促使我们做出妥协，选择复合。

🗝 为什么说复合要慎重？

在一次线下活动结束后，有一位女生跑来跟我交流："我不知道该怎么面对我的男朋友。"

我感到很好奇，于是轻声问她："怎么了，看起来你很苦恼。"

她垂下头，叹了口气，低沉地说道："我跟我男朋友谈到两个月的时候，我感觉我们两个不合适，我跟他在一起也不快乐，但是分手后，他就一直联系我，求复合，我一开始很坚决地拒绝了他。起初他听到我要分手，特别生气，责怪我提分手。我当时感觉这个人怎么这样。"

她停下来，一边掰着自己的指头，一边咬着嘴唇。

我用安抚的声音提醒她："如果你不愿意再往下说了，可以不说。"

她摇摇头，接着讲她的故事："没有，我只是说到这里有点难过。后来他不知道遇到什么情况，态度突然三百六十度大转弯，说是一定要重新追求我。我当时感觉很疑惑，这看起来似乎是偶像剧才有的剧情。当时年龄小也没想太多，后来他就又开始努力追求我，也的确有所改变，渐渐地我就接受了他，重新在一起了。"

"听起来,到目前为止,事情好像发展很顺利,那为什么刚才你会感到难过呢?"

"因为我现在有点恨自己接受了他的挽回,我感觉选择复合是自己的错。前几天……"

"看来,最近发生了一些让你难以接受的事。"

她点点头,声音有点颤抖地说:"是的,就在前两天吵架的时候,他竟然说,当年选择跟我复合,是因为他要报复我,因为他认为,当时我提分手的事很严重地伤害了他的感情。"

今天再次写到关于"复合"的话题时,我脑海中立刻想起了这件事。当然出于对当事人的保护,我对这件事进行了一些地方的修饰,隐去了一些关键信息。这个故事无疑提醒着正在为"是否要复合"困扰和纠结的人,当你选择复合时,一定要弄清楚对方要复合的真实原因和动机到底是什么。

什么样的复合类型要坚决避免

1. 工具型

你是否认真地思考过,自己为什么想复合,或者说为什么对方一定要复合?

大部分人很容易会想到,因为放不下。那再往前一步思考:是什么让你或者让 Ta 感觉放不下?这时候你会很自然地想：大概是爱吧。

然而，现实却不一定如我们想的那样美好。除了感情上的放不下，还有一个非常重要的方面：Ta可能还放不下你的"工具人"属性。心理学研究者将其称为——关系的工具性动机，比如，帮助对方实现社会目标（Kwang et al., 2013）或者Ta的某些个人目标。

在这方面，男女有所差别。光（Kwang）等人还发现，尽管男女双方都重视恋爱关系，但他们的动机不同。当关系受到威胁时，男性参与者更担心失去社会地位，而女性参与者更关注情感方面，如失去联系和亲密关系。

人们经常依靠他们的浪漫伴侣来支持他们追求个人目标（Gomill, Murray, Lamarche, 2015）。从这个方面来说，支持自己的恋人追求个人目标是一件好的事情，可以提升你们之间的关系和亲密度。例如，你跟你的恋人一起考研，对方学习很差，需要你帮忙教他，这是一件很好的事情，可以促进你们之间的合作感；但是一旦分手，就会损害到对方的利益——没人教他学习了。更重要的是，一连串的目标都会受到影响，没有你教他学习了，他可能考不上研究生，考不上研究生，他的相关目标更加无法实现。此时，当你们分手以后，他很可能会出于你作为"工具人"的价值，拼命跟你复合。

这种情况的复合结果可想而知，你成了对方的垫脚石，也可以说是被利用了。这就是为什么很多明星夫妻分手了还要装恩爱，因为他们之间牵扯的利益太多了，这就集中体现了"工具"属性之下的复合动机。

当这类复合动机成为主导时，复合后面临的危机会激增。

2. 目标冲突型

有证据表明，在浪漫关系中，相互冲突的目标追求会对个人的主观幸福感产生负面影响，并降低关系质量（Gere & Schimmack, 2013）。

在你考虑是否要复合时，一定不要忘记考虑这种情况：你们两个的大方向目标是否一致，是否存在严重冲突。例如最常见的一种情况，一个人的目标就是待在自己的小县城过滋润的生活，另一个人的目标却是要跑到北上广奋斗一把，这种人生规划上有明显冲突的情况，复合的时候就要尽量避免，除非双方找到可以解决的方式。

在这个点上，常见的冲突还有家庭理念、性观念等。一方认为要把父母的意见和需要放在第一位，另一方却认为要先满足小家庭的需要；再比如，有的人认为两个人在性方面可以大胆一点，尽早尝试，而另一方却一定要坚持婚后性行为。

这些大方面的冲突又不好解决的情况下，复合后的道路也会更加艰难。

3. 极端自我型

如果你的前任是极端自我型，那复合就更要慎重。研究者（Whitaker，2013）针对爱情中不必要的复合动机，进行了相关的调查，其中包括爱、报复、嫉妒和控制，除此之外还有49种其他动机，比较常见的两项包括：

（1）希望通过复合减轻情绪痛苦。

（2）用愤怒或者嫉妒来达到控制的需要。

这些虽然在大多数想要复合的人的动机里都存在过，但如果，其中的报复、嫉妒、控制成为复合里的主要动机时，就要引起我们的注意了。

比如，有的人认为无法忍受前任跟其他人建立关系，一旦想起就痛苦不堪，于是要通过复合来减少这种嫉妒感。

还有的人出于控制、报复，希望自己可以掌控前任。

这些负面的动机成为核心动机时，你的这个复合对象很可能存在人格方面的障碍或者其他心理问题。原因是，他把这段关系看得过重了，并与自我相关的东西联系了起来。

（1）当感情遭到挫败时，他的自我认同取决于跟你的这段浪漫关系（Spitzberg & Cupach，2014）。当一个目标与一个人的自我认同高度融合时，这个目标"不再是分手和复合的事情本身，而是他们自己到底是谁"的问题。

（2）把自尊建立在感情的成败上。研究者提出一个概念，叫价值的偶然性，指的是一个人的自尊与某个领域或目标的关联程度，在这个领域或目标中，某个特定领域的成功（或失败）会极大地影响该人的自尊水平（Geng & Jiang, 2013）。当一个人把他的自尊与情感是否被接纳过度关联的时候，他就很可能陷入危险的境地：被分手或者挽回时被拒绝后，他会感到极端没有自尊，陷入自我否定、抑郁甚至诱发愤怒，做出一些极端的事情。

什么类型的复合可以考虑？

1. 冲动分手

我们也可以看到一些案例，分手了很容易就复合，并且相处还不错的情况。这类情况很多都属于冲动分手。尤其是对于原本感情里没有什么太大问题，只是因为一些无关紧要的琐事吵架，加上某段时间的情绪影响而提了分手的人，这种情况下，严格意义上并不是真的分手，两个人都在等待某个时机和好，或者暂时缺乏一个给双方的台阶。

2. 可解决的现实问题引发的分手

恋爱中很多人都会存在一些现实问题，之所以会产生矛盾和纠结，主要在于：这个问题可解决，但是比较麻烦，分手好像是最省事的办法。但是分手后发现，对方在自己心里位置很重要，以前低估了彼此的爱意，感受到了对方的不可替代性。

因此想要复合，致力于解决那个现实问题。这种情况大多是由于年龄、心智等原因，在恋爱时不够成熟导致的分手。这类分手一旦找到解决问题的办法，复合后也能有比较好的结果。

🔑 克服负性沉思

分手后，我们很可能会沉浸在负面情绪中，并专注于导致这些情绪的环境，这就是沉思，即把自己的注意力高度集中在痛苦的症状、原因、后果上，它是一种管理负面情绪的不良的应对策略，沉思与分手痛苦高度相关（Cupach, Spitzberg, & Carson, 2000）。

有证据表明，即使在负面情绪消失很久之后，沉思也可能维持和强化负面情绪，让好不容易缓解一点的情绪再次低落下来。

在沉思的过程中，由于我们的注意力变狭窄了，所以很难从更理性的角度看到事情的更多方面，做出理性决策也更加困难。

克服沉思可以从下面几点入手：

（1）重新评价分手的负面影响。分手虽然痛苦，但同时也可以减轻你们努力维持不再适合的角色的压力；另外要意识到，你跟 Ta 始终是两个人，而不是黏在一起的连体婴儿，无论是否要在一起，你们都是独立的个体，需要面对各自的人生挑战。

（2）修正事后的一些不切实际的想法。戴利（Dailey, 2013）等人采访了一个复合被拒的人，他给前任写了一年的信，来证明他对前伴侣的爱有多深。这只能让他的前任感到烦恼甚至恐惧，而无法得到回应也会给他自己带来更多的挫败和烦恼，有些事情，放过即爱过，过于执着只能伤害到彼此。

（3）找人诉说你的幻想，并戳穿它。有的人分手了，却特别自信自己一定可以挽回对方。而如果让一个旁观者来看，这无疑是一种过度自信。在浪漫关系的解除中，一个人可能会通过过度夸大Ta的能力来成功地与他人和解，从而使他们的持续追求合理化（Spitzberg & Cupach, 2014）。从挽回者角度看，合理认识自己的能力和现实情况会更好，否则一旦失败就容易更加低落；如果你是被挽回者，就要克制自己对复合后美好结果的过度幻想。不管哪一方，找一个比较理性的第三方，让他们戳穿你的幻想泡沫会更有帮助。

第四节
破镜重圆：如何修复感情

"分手是他提的，但经过我一系列的挽回，他还是和我复合了。一开始我还比较开心，安慰自己，他总算没有真的放弃我。但复合后他工作很忙，每天都是我主动联系他，而且每次都要隔好几个小时才会收到他的回复。我甚至都不知道他到底是因为爱我，还是因为可怜我才跟我复合的，我该怎么办？"

诸如此类的困惑在复合的情境中实在太多了，比起那些挽回的过程，复合后的相处和情感修复才是情侣们真正要去面对和解决的大难题。

🔑 为什么复合后也不能掉以轻心

从统计概率的角度看，分分合合的关系中存在更多的争吵、冲突和互相攻击，并且缺乏互相的认同和理解（Dailey, Pfiester, et al., 2009）；同时，分手又复合之后，情侣用心经营爱情的频率也大大下降，这让本来就出现裂痕的爱情又增加了更多的不确定性（Dailey, Hampel, & Roberts, 2010）。

处在爱情中的人，内心变化都非常微妙，尤其是在复合后最开始的一段时间里，双方都非常脆弱，一件小事或是一点点的疑惑都可能被上纲上线，成为再次摧毁两个人关系的导火索。

1. 自尊心作祟

一位"被分手"女生的独白："我极力挽回成功以后，我以为我会当作什么也没发生，只要还能在一起就好了，但是事情没有我原本想的那样简单，我一跟他在一起就会浑身不自在，心里就好像有个什么大石头压得我喘不上气，担心再次被甩掉……后来还是分手了，就好像我一直在等待那一刻。"

与其说这个女生是在担心继续被甩，不如说她无法接受曾经那个丢掉自尊、奋不顾身挽回的自己，"太没面子了，我甚至感觉自己有点低贱……连我自己都看不起自己，别人怎么会看得起我"。

自尊被破坏的感觉会让被分手的那个人无法平等地回到原来的关系中，同时无比敏感脆弱，只要觉察到对方有一丝丝的没有照顾周全，就会认为是另一半看不起自己。

当自尊遭到损害时，我们会拼命寻找机会来重新获得自尊感。我的一位朋友曾经讲起他和前任的故事，在这段关系里，他的前任是比较卑微的那个，在无数次分分合合之后，这一次他们终于分手了。

我感到好奇，忍不住问他："到底是什么原因让你这次彻底要分开了？"

他说："因为一句话。"

我感到越发困惑，曾经那么纠缠，分分合合那么多次都割舍不了，怎么这次因为一句话就能斩断情丝了？

他的表情非常复杂地说："在我们那天吵架的时候，她说'你确定要以现在的态度对待我吗，你要知道，现在你和另外两个男生都在争我'。"

当他听到对方这句话，非常愤怒，坚决要分手，这时候女生着急了，她无法理解为什么吵架时的这句话会成为他下定决心分手的原因，她原本不过是想让他嫉妒一下而已。

爱情的微妙正在于此。女生并没有察觉，在这段感情里，她一直在追求自尊感，当有别的男生追求她时，她仿佛总算找到了一根救命稻草，可以向男生宣布：我也是有人喜欢的，我是有价值的。

然而，她没有想到的是，也是她的这句话让男生的自尊遭到了暴击。很显然，对男生而言，她的那句话意味着："我跟你在一起这么久，为你付出那么多，你却把我跟对你有点好感的路人甲乙丙相提并论，还拿他们威胁我，如果你觉得他们比我好，那就跟他们在一起好了。"

2. 承诺水平不一致

很多感情，在复合之初就注定了后面失败的结局，因为从一开始，两个人对这段复合后的感情就寄予了完全不同的希望。

有的人复合，Ta的目标只是："放弃了这段感情太可惜，又没有更好的备胎，不如先占着这个人，成不成以后再说。"这种程度的承诺水平就很低，基本没有对你或者对你们的这段感情做出什么承诺。

还有的人复合，Ta的目标是："只要在一起就可以了，别的可以不想。"这种程度的承诺水平相对较低。"我对这段感情的承诺是，我会好好跟你在一起，以快乐为原则。"

但有的人承诺水平却很高，比如："我们重新在一起，我希望跟你走到最后，结婚生子，相伴到老。"或者，"出于对彼此的负责，我希望我们两个人都可以为对方做出更大的改变"。

当彼此的承诺水平相差太多时，伴随的冲突也会更多。

小A和小B高中的时候就在一起了，两个人一直坚持到大学毕业，顺理成章地到了谈婚论嫁的时候，然而让他们感到惊讶的是，小B的父母不同意他们的感情。原因是，小B父母希望他毕业后能回老家工作，而小A却不可能跟着小B回老家结婚。

小B很生气地质问父母，为什么不早点表态，到现在才说反对？

他的父母表示："你是男孩，怕什么，大学期间的恋爱都是瞎谈谈，有几个能成的。"

小B感到既愤怒又无奈，因为问题不仅在于他说服不了父母，还在于他对于自己是否要回老家工作也拿不定主意。小A看到眼前的这番景象，顿时悲从中来，提出了分手。然而小B却不依不饶，哭闹着要让小A等一等，他会说服他父母。小A心软了，答应了复合。然而，这一等又是两年时间，分分合合多少次，唯一没变的是，小B父母的反对态度以及小B的没主意。

此时小A才终于明白，小B从来没有给予过她什么承诺，对他们的感情也没有任何的担当，他的无数次求复合只不过是为了逃避失去这段情感依靠后的孤寂罢了。

如果你复合了，还希望有好的结果，那一定要及时确定你们双方对待这段感情的真实期望，以及对待复合后的承诺水平是怎样的，否则很容易产生情感修复方面的错位，产生不必要的伤害。

🔑 如何避免陷入原来的感情困境

很多有过复合经验的人都会有同样的体会：好像自己掉入了一个分手 – 复合 – 分手的死循环中，并且在一次又一次的循环中，遭受的伤害越来越沉重，曾经的问题也从来没有得到真正的解决。如何避免重蹈覆辙，怎样避免再次陷入相同的感情困境，就成为每一对复合情侣的重要挑战。

1. 重新定义你们的关系

你和 Ta 是怎么复合的？

小 A：我们分手后一个月，双方都没办法断联，一直联系着，然后有一次聊着聊着，他突然跟我说，我还是放不下你，我们复合吧，于是我们就又好了。

小 B：我们两个挺奇怪的，分分合合好几次，每次分手就是冷暴力，谁也不理谁，两三个礼拜以后就默认分手了，再过一段时间，又会因为其中一个人的主动说话而又莫名其妙复合。

小 C：分手后他各种恳求，态度特别好，坚持了好几个月，我实在顶不住他的关心和道歉，加上也没遇上其他男生，就又和好了。

小 D：我其实不太好意思说我们怎么复合的，因为有点戏剧性，本来都分好几个月了，结果有一次同学聚会又遇到了，结果没顶住激情,又发生了关系,于是就顺势复合了。

我们可以发现,不管复合过程是简单还是复杂,花了多长时间,很多复合过程都有个共同的特点就是:对复合后两个人的关系定位很模糊。

很多人在复合时以及复合后都不会重新定义他们的关系,也不会认真且严肃地讨论彼此对这段新旧关系的看法,这就为复合后的情感修复埋下了隐患。

研究发现,一方反复分手,一方反复求和,在这种不确定中,两个人遭受的心理压力越来越大,内心会越来越纠结(Dailey, Jin, Pfiester & Beck, 2011)。

所以,在复合时或者复合后,两个人有必要对你们的关系重新进行定义,并用直接的、开放的方式来进行交流,可能涉及的问题如下:

(1)我们现在是什么关系?

(2)我们继续待在暧昧的关系里比较合适,还是正式复合更好?

(3)如果我们现在算正式复合,那么是不是要讨论一些细节问题了?

2. 制定关系目标

要想让后续的关系继续下去,不再受过去问题的困扰,制定关系目标就非常重要。制定这个目标的过程中,可以让我们越来越明确自己心中所想，以及明确自己内心最渴望的关系状态是什么样子的。

在制定关系目标时，最好两个人先各自采用书面形式，回答相关的一些固定问题，然后再用直接的、开放的形式来进行讨论，交换意见。当然，如果条件允许，可以找一个比较专业的第三方来帮助你们理顺自己对复合后关系的认识和打算。

下面这些问题可以供你们讨论时参考：

（1）当初分手时，我最失望的是什么？

（2）现在复合时，当初令我失望的问题还存在吗？复合后是否可以得到解决？

（3）复合后，我希望从这段关系里获得什么？

（4）为什么我想获得的这个东西，在分手前却没有获得？

（5）复合后，我期望的两个人在一起的状态是怎样的？

（6）在我的这个期望中，有没有哪些是不切合实际的、过分理想化的？哪些是可以实现的？

（7）为了达到我所期望的理想状态，我们可以做哪些事情来改善关系？

在讨论以上这些问题时：

（1）尽量一条一条由浅入深地进行，并且在表达自己的想法时，尽可能表达清楚，让对方正确理解彼此的意思，防止误会；

（2）事先要有心理准备，对方的期待跟你的期待可能存在很多不同，这样方便讨论可以心平气和地进行下去；

（3）在想法和目标上，两个人存在很大分歧时，思考可能存在的解决办法，警惕陷入情绪战争中。

3. 处理好分手 - 复合过程中产生的负面情绪

不论复合后有多自然，但分手时的情境大多数是不愉快的。如果复合后把当初分手时的不好的情绪置之不理，很容易成为之后彼此猜疑的导火索。

（1）如果属于激情复合，沟通时要加强情感因素。

最近的一项研究表明，分手又复合的情侣比没有经过分分合合的情侣，更看重身体上的亲密（Dailey & Powell, 2017）。因为性欲可以向另一方表明关系似乎是可行的，满足这种性欲望可以促进和解。

也许，睡一觉可以解决复合的问题，但却没法解决复合后的问题。尤其是，如果两个人是因为激情复合，至少一方有更大的可能产生一种羞耻感："我竟然跟 Ta 睡了一觉就答应复合了""我是轻浮的人吗，难道睡一觉就可以免去过去 Ta 给我的伤害吗""Ta 是不是完全是为了满足自己的生理需求才想跟我复合的？"……

这些困扰如果不讲清楚，得不到一个解释或者没有强调情感方面的因素，复合后一旦遇到小冲突，当初的这些困扰就会被无限放大。

（2）公开谈论分手带给彼此的内心感受，尝试互相理解。

被分手的那一个情绪总是最多的，有被抛弃的痛苦，有试图挽回的羞耻感，也有复合后的喜悦，还有可能存在的愤怒等情绪。被分手时的感觉在复合初期需要被关注，也需要敞开心扉地公开谈论。

主动分手的一方需要谈论当初分手时的感受，是失望还是愤怒，是无奈还是伤心，原因是什么，当时的情感需求是什么，分手的本意是什么。

彼此敞开心扉，表达自己真实的内心感受，寻求对方的理解，同时理解对方，真诚地道歉，并向对方许下自己郑重的承诺，带给彼此足够的安全感。

用实际行动修复感情

1. 提升心理可接近性

刚复合后难免会觉得有些生疏和距离感，这种距离感很容易让人没有安全感。提升心理可接近性，拉近心与心的距离，就是一种很好的提升安全感的方法。最简单有效的方法就是提升肢体的可接近性，多见面。如果实在忙，或者是异地等无法见面的情况下，可以通过回忆对方的优点、对方的付出和照顾，和共同度过的美好时光来提升心理可接近性。有的时候我们可能情绪不稳定，没办法通过回忆提升安全感，这个时候可以通过有标志性的东西，比如翻翻甜蜜的照片，看看对方曾经送的礼物，等等，通过这些唤醒那些曾经的甜蜜来提升安全感。

2. 保持相对高频的联系，积极回应

刚复合后常有强烈的不安全感，内心会更敏感，这时候保持比过去更高频率的联系就显得非常重要，尤其还要做到积极回应。

（1）同步对方的情绪，也就是共情。当某一方表达自己内心的担忧时，要及时共情，"宝贝，别担心，我明白我们现在刚复合，你会比较敏感"。

（2）保持乐观，对对方表示肯定。"我知道你又在自我否定了，我跟你复合不为别的，就是因为爱你呀，你很好，所以我也更不舍得离开你。"

（3）表示愿意提供帮助，加上一些实际行动。"看你这么担心我也好难受，我可以做点什么能让你感觉好受点呢？我都愿意去做。我带你去外面兜兜风怎么样？"

复合后的前期，两个人都要在情感修复上投入更多的精力，需要时刻关注彼此的需要，并及时回应，这样会更快地修复曾经因分手损害的信任感和安全感。

3. 共同展望美好未来

如果说提升亲密感的最好方式是甜言蜜语，那么提升安全感的最好方式就是海誓山盟，也就是承诺对彼此的爱情负责到底。当然，承诺不是一句话的事，简单和随意的承诺会被认为是不走心的虚情假意。最好的承诺是从积极的眼光，展望两个人的愿景，让对方知道你的未来中有他的位置，并且这个愿景要有实现的可能：

"将来我要跟你一起住在一个大点的房子里，养一只可爱的猫咪，给你做好多好吃的。"

"我要努力赚钱，这样以后可以带你去看更美更远的风景。"

"以后我们买了房一起设计装修吧，然后一起置办家里的生活用品，想想就幸福。"

有时候，越是具体的憧憬，越可以打动人心，也越能给人一种确定性，通过展望未来、积极预期，Ta 就会更有安全感，复合后你们的关系也会越来越稳定。

每一段爱情都有其特别之处。在本书里我讲到了很多方法，这些方法均是用心理学思维思考、总结出来的一些普遍规律。现实是复杂的，每一段爱情都有它独特的背景，这段爱情中的你我，都是从千万个环境中成长起来的不同人，拥有各自的内心牵绊和情结，这就注定解决爱情冲突的方式不止有一种。

写这本书的初衷并不是要提供给大家一个标准答案，而是希望可以抛砖引玉，提供一个新的视角来促进每一位读者解决冲突的创造力。不足之处，还请多多指教。

最后，祝愿每个人都可以找到幸福爱情的密钥。

参考文献

第一章

1.Cuperman, R. & Ickes, W. (2009). Big five predictors of behavior and perceptions in initial dyadic interactions: personality similarity helps extraverts and introverts, but hurts "disagreeables". Journal of Personality & Social Psychology, 97(4), 667-684

2.Papp, L. M. Cummings, E. M. & Goeke-Morey, M. C. (2009). For richer, for poorer: money as a topic of marital conflict in the home. other, 58(1)

3.Fiedler, K. , Gün R. Semin, & Koppetsch, C. (1991). Language use and attributional biases in close personal relationships. Personality & Social Psychology Bulletin, 17(2), 147-155

4.Kurdek, L. A. (2002). Predicting the timing of separation and marital satisfaction: an eight-year prospective longitudinal study. 64(1), 163-179

5.Lloyd, & Sally, A. (1987). Conflict in premarital relationships: differential perceptions of males and females. Family Relations

6.Macdonald, G. Zanna, M. P. & Holmes, J. G. (2000). An experimental test of the role of alcohol in relationship conflict. Journal of Experimental Social Psychology, 36(2), 182-193

7.Miller, R. (0). Intimate relationships. Intimate relationships / McGraw-Hill Higher Education

第二章

1.Berking, M. & Whitley, B. (2014). Affect regulation training. 10.1007/978-1-4939-1022-9

2.Thomson, R. A. Overall, N. C. Cameron, L. D. & Low, R. S. T. (2018). Perceived regard, expressive suppression during conflict, and conflict resolution. Journal of Family Psychology, 32(6)

3. 约翰·戈特曼. (2014). 幸福的婚姻：男人与女人的长期相处之道. 浙江人民出版社.

4.Cole,T.(2001).Lying to the one you love: The use of deception in romantic relationships.Journal of Social and Personal Relationships,18,107-129

5.Sagarin, B. J. Rhoads, K. V. L. & Cialdini, R. B. (1998). Deceiver's distrust: denigration as a consequence of undiscovered deception. Personality & Social Psychology Bulletin, 24(11), 1167-

1176

6.Watzlawick, P. Beavin, J. H. & Jackson, D. D. (1967). Pragmatics of human communication: A study of interactional patterns, pathologies, and paradoxes. New York: Norton

7.Millar, K. U. & lesser, A. (1988). Deceptive behavior in social relationships: A consequence of violated expectations. Journal of Psychology, 122, 263-273

8.Fitzgibbons, R. P. (1986). The cognitive and emotive uses of forgiveness in the treatment of anger. Psychotherapy, 23, 629-633

9.Worthington, E. L. & Diblasio, F. (1990). Promoting mutual forgiveness within the fractured relationship. Psychotherapy Theory Research & Practice, 27(2), 219-223

10.O'Leary, K. D. (1999). Developmental and affective issues in assessing and treating partner aggression. Clinical Psychology: Science and Practice

11.Follingstad, D. R. Rutledge, L. L. Berg, B. J. Hause, E. S. & Polek, D. S. (1990). The Role of Emotional Abuse in Physically Abusive Relationships. Journal of Family Violence

12.Saunders, D. G. & Sackett, L. A. (1999). The impact of different forms of psychological abuse on battered women. Violence and Victims, 14(1), 105-117

第三章

1.Arriaga, X. B. Slaughterbeck, E. S. Capezza, N. M. & Hmurovic, J. L. (2010). From bad to worse: relationship commitment and vulnerability to partner imperfections. Personal Relationships, 14(3), 389-409

2.Rusbult,C.E.,Bissonnette,V.L. Arriaga,X.B. & Cox,C.L.(1998). Accommodation processes during the early years of marriage. In T.N.Bradbury (Ed.), The developmental course of marital dysfunction (pp.74-113).New York: Cambridge University Press

3.Impett,E.A. & Gordon,A.M.(2008).For the good of others: Toward a positive psychology of sacrifice.In S.Lopez (Ed.),Positive psychology: Exploring the best in people (Vol.2,pp.79-100). Westport,CT: Praeger

4.Benjamin, L. E. Dove, N. L. Agnew, C. R. , Korn, M. S. & Mutso, A. A. (2010). Predicting nonmarital romantic relationship dissolution: a meta-analytic synthesis. Personal Relationships, 17(3), 14

5.Tesser, A. (1988). Toward a self-evaluation maintenance model of social behavior. Advances in Experimental Social Psychology, 21

6.Lockwood, P. Dolderman, D. Sadler, P. & Gerchak, E. (2004). Feeling better about doing worse: social comparisons within romantic relationships. Journal of Personality & Social Psychology, 87(1), 80-95

7.Muise, A. Bergeron, S. Impett, E. A. & Rosen, N. O. (2017). The costs and benefits of sexual communal motivation for couples coping with vulvodynia. Health Psychology Official Journal of the Division of Health Psychology American Psychological Association, 36(8)

8.O'Sullivan, L. F. Byers, E. S. & Finkelman, L. (1998). A comparison of male and female college students' experiences of sexual coercion. Psychology of Women Quarterly, 22(2)

第四章

1.Aron, E. N. & Aron, A. (2010). Love and expansion of the self: the state of the model. Personal Relationships, 3(1), 45-58.

2.Austin, J. T. & Vancouver, J. B. (1996). Goal constructs in psychology: structure, process, and content. Psychological Bulletin, 120(3), 338-375.

3. 彭聃龄 . (2001). 普通心理学 (修订版). 北京师范大学出版社

4. 罗兰·米勒. (2015). 亲密关系(第 6 版, 精装). 人民邮电出版社

第五章

1.Pines, & Ayala, M. (1992). Romantic jealousy: five perspectives and an integrative approach. Psychotherapy Theory Research & Practice, 29(4), 675-683

2.Federal Bureau of Investigation(1986). Unified Crime reports of the United States. Washington, DC: Department of Justice

3.White, G. & Mullen, P. (1989). Jealousy: Theory, research and clinical strategies, pp. 58-75. New York: W. W. Norton

4.Buss, D. M.(2000). The dangerous passion: Why jealousy is as necessary as love and sex.New York: Free Press

5.Bringle, R. G. & Buunk, B. P. (1991). Extradyadic relationships and sexual jealousy. Sexuality in close relationships. Free Press

6.Barker, R. L. (1987). The green-eyed marriage: Surviving jealous relationships.. The green-eyed marriage : surviving jealous relationships. Free Press

7.Gilad, T. (1990). Personal communication

8.Wilner, R. S. & Breit, M. . (1983). Jealousy: interventions in couples therapy. Family Process, 22(2), 211-219

9.Marshall, A. D. Holtzworth-Munroe, & Amy. (2010). Recognition of wives' emotional expressions: a mechanism in the relationship between psychopathology and intimate partner violence perpetration. Journal of Family Psychology.

10.敖玲敏，吕厚超，黄希庭. AOLing-Min, LVHou-Chao, & HUANGXi-Ting. (2011). 社会情绪选择理论概述. 心理科学进展, 19(2), 217-223

11.Agnew, L. C. R. (2007). Perceived marginalization and the prediction of romantic relationship stability. Journal of Marriage and Family, 69(4), 1036-1049

12.Macdonald, T. K. & Ross, M. (1999). Assessing the accuracy of predictions about dating relationships: how and why do lovers\" predictions differ from those made by observers?. Personality and Social Psychology Bulletin, 25(11), 1417-1429

13.Loving, T. J. (2006). Predicting dating relationship fate with insiders' and outsiders' perspectives: who and what is asked matters. Personal Relationships, 13(3), 349-362

14.Aron, A. Melinat, E. Aron, E. N. Vallone, R. D. & Bator, R. J. (1997). The experimental generation of interpersonal closeness: a procedure and some preliminary findings. Personality and Social

Psychology Bulletin, 23(4), 363-377

第六章

1.Sternberg, R. J. (1988). The triangle of love: intimacy, passion, commitment. (new york)

2.凯罗林·默夫,奥泽拉姆·阿杜克,默夫. 阿杜克,奥泽拉姆·阿杜克,刘霞。(2007). 人格心理学新进展. 北京师范大学出版社

3.Canary, D. J. Cupach, W. R. & Messman, S. (1995). Relationship conflict. Journal of Marriage & Family, 58(2), 529

4.Rusbult, C. E. (1980). Commitment and satisfaction in romantic associations: a test of the investment model. Journal of Experimental Social Psychology, 16(2), 172-186

5.Skopp, N. A. Zhang, Y. Smolenski, D. J. & Reger, M. A. (2016). Risk factors for self-directed violence in us soldiers: a case-control study. Psychiatry Research, 245, 194-199

6.Sprecher, S. Felmlee, D. Metts, S. Fehr, B. & Vanni, D. (1998). Factors associated with distress following the breakup of a close relationship. Journal of Social & Personal Relationships, 15(6), 791-809

7.Dailey, René M. Rossetto, Kelly R. Pfiester, & Abigail. (2009). A qualitative analysis of on-again/off-again romantic relationships: "it's up and down, all around". Journal of Social & Personal Relationships

8.Langeslag, S. J. E. Van, S. J. W. & Alexandra, K. (2016). Regulation of romantic love feelings: preconceptions, strategies, and feasibility. PLoS ONE, 11(8), e0161087

9.Brehm, S. S, Brehm, J. W, Brehm, SS, Brehm, JW, Brehm, S.S, & Brehm, J.W. (1981). Psychological reactance: a theory of freedom and control. Nurs Stand, 27

10.Kwang, T. Crockett, E. E. Sanchez, D. T. & Swan, W. B. (2013). Men seeking social standing, women seek companionship: Sex differences in deriving self-worth from relationships. Psychological Science, 24(7)

11.Gomillion, S. Murray, S. L. & Lamarche, V. M. (2015). Losing the wind beneath your wings: the prospective influence of romantic breakup on goal progress. Social Psychological & Personality ence, 6(5), 513-520

12.Gere, J. & Schimmack, U. (2013). When romantic partners' goals conflict: effects on relationship quality and subjective well-being. Journal of Happiness Studies, 14(1), 37-49

13.Whitaker, M. P. (2013). Centrality of control-seeking in men's intimate partner violence perpetration. Prevention ence the Official Journal of the Society for Prevention Research, 14(5), 513

14.Spitzberg, B. H. Cupach, W. R. Hannawa, A. F. & Crowley, J. P. (2014). A preliminary test of a relational goal pursuit theory of obsessive relational intrusion and stalking. Studies in Communication ences, 14(1), 29-36

15.Geng, L. & Jiang, T. (2013). Contingencies of self-worth moderate the effect of specific self-esteem on self-liking or self-competence. Social Behavior & Personality An International Journal, 41(1), 95-107(13)

16.Spitzberg, B. H. & Cupach, W. R. (2000). Obsessive relational intrusion: incidence, perceived severity, and coping. Violence & Victims, 15(4)

17.Dailey, R. M. McCracken, A. A. Jin, B. Rossetto, K. R. & Green, E. W. (2013). Negotiating breakups and renewals: Types of on-again/off-again dating relationships. Western Journal of Communication, 77(4), 382-410

18.Dailey, R. M. Pfiester, A., Jin, B. Beck, G. & Clark, G. (2009). On-again/off-again dating relationships: How are they different from other dating relationships? Personal Relationships, 16, 23-47

19.Dailey, R. M. Hampel, A. D. & Roberts, J. (2010). Relational maintenance in on-again and off-again relationships: An assessment of how relational maintenance, uncertainty, and relational quality vary by relationship type and status. Communication Monographs, 77, 75−101

20.Dailey, R. M. Jin, B. Pfiester, A. & Beck, G. (2011). On-again/off-again dating relationships: What keeps partners coming back? The Journal of Social Psychology, 151, 417−440

21.Dailey, R. M. & Powell, A. (2017). Love, sex, and satisfaction in on-again/off-again relationships: Exploring what might make these relationships alluring. Journal of Relationships Research, 8, E11